VOLUME/VARIETY/VELOCITY/VALUE

BIG DATA 活用大数据

打造成功的商业和生活方式

[日] 高桥范光 ◎ 著

刘 阳 ◎ 译

大数据并不是一时的流行，能否顺利活用大数据已成为商业成功与否的判断标准。即使如此，当前除了一部分先进企业外，大部分企业仍处于摸索如何活用大数据的阶段。本书以活用大数据成功和失败的各种实例为基础，详细介绍了在商业领域活用大数据的方法和具体实施步骤，以及活用大数据给生活方式带来的变化。

本书适合企业管理人员、中小企业主和自主创业者阅读，也可供从事大数据应用相关工作的人员参考。

图书在版编目（CIP）数据

活用大数据：打造成功的商业和生活方式／（日）高桥范光著；刘阳译. —北京：机械工业出版社，2019.10

ISBN 978－7－111－63607－6

Ⅰ.①活…　Ⅱ.①高…　②刘…　Ⅲ.①数据处理　Ⅳ.①TP274

中国版本图书馆 CIP 数据核字（2019）第 195240 号

机械工业出版社（北京市百万庄大街 22 号　邮政编码 100037）

策划编辑：王华庆　　责任编辑：王华庆
责任校对：孙丽萍　　封面设计：张　静
责任印制：孙　炜
保定市中画美凯印刷有限公司印刷

2020 年 1 月第 1 版第 1 次印刷
148mm×210mm · 6 印张 · 109 千字
标准书号：ISBN 978－7－111－63607－6
定价：29.80 元

电话服务
客服电话：010－88361066
　　　　　010－88379833
　　　　　010－68326294
封底无防伪标均为盗版

网络服务
机　工　官　网：www.cmpbook.com
机　工　官　博：weibo.com/cmp1952
金　　书　　网：www.golden-book.com
机工教育服务网：www.cmpedu.com

活 用 大 数 据

前　言

Preface

自“大数据”一词从2013年被人们热议以来，已有很多有关大数据的图书出版。

此前，大数据神奇得简直像法力无边的魔法一样受到万众瞩目，每天与大数据相关的新闻不绝于耳，人们对大数据的讨论和认知日趋理性。然而参与讨论的人少，隔岸观望的人多，人们对大数据的认知程度并不高，并且积极参与的企业也占少数。

为什么受到如此关注的大数据很难走进企业呢?

“数据分析太难了!”“不能保证一定成功，所以不费劲了。”社会上也许会有这样的声音。

的确，现在涉及大数据概念的事例以及各种统计分析方法和实践的书籍有很多，但是明确表明“数据分析很简单”“只要开始做就肯定会成功”的却很少。

事实上，大数据并不是法力无边的魔法，但它确实是一种非常有效的工具。掌握其使用方法需要下一番功夫，但熟练掌握后一定可以取得成果。

随着科技的进步，面向初学者以及专业人士的大数据种类越来越多。

我此前一直从事大数据相关工作，有大数据使用培训经验。本书在这些经验的基础上，整理了活用大数据的相关知识以及在使用大数据的过程中常见的误区。

为了让更多的人对大数据感兴趣并参与其中，本书以大数据的活用为中心，没有复杂的数学公式介绍。

那么接下来让我们一起走进大数据的世界吧！

著 者

目 录

绪　论

大数据从热潮到活用

近年“大数据”一词频繁出现在报纸及电视新闻中。它被称为法力无边的魔法，活用实例也逐渐变多。本部分主要介绍大数据给我们带来的改变以及目前我们该思考的东西。

0 -1
利用大数据可以做什么?

◆根据大数据,我们可事先预测"××将会发生"

如果我们事先知道"××将会发生",那我们的日常生活将会发生什么变化呢?

例如天气,如果能够准确掌握今后24小时内全国的天气变化,我们的日常生活将会变得非常方便。

例如,"14:00之后40分钟内会有阵雨,因不是上下班时段,可不必带伞""明天18:00会有5厘米降雪,需准备长靴和防寒用具""明天会有大雷阵雨,需防护农作物"等。据此,在工作和生活中,我们可事先采取预防措施,天灾带来的灾害也可以减少。

如果事先知道接下来24小时内铁路、公路、飞机、船等交通设施的状况,又将会怎样呢?

"那条高速从早上会持续5小时拥堵,到达目的地会是

15:00。”“明天山手线搭乘人数会有××万人，高峰是8:00～10:00和18:00～20:00，在此期间将调整运行间隔，从涉谷站到东京站将花28分钟。”

我们如果可事先知道上述信息，就可调整出勤时间和外出时间，另外换乘也会很顺畅。你如果是销售人员，就不会错过重要贸易谈判。你如果在物流企业上班，就会合理安排配送日程。

不仅商业如此，个人生活也同样受到影响。比如，在饮食方面，可以根据自己的身体状况选择最适合的店铺和菜单，以预防肥胖和避免不好的生活习惯。

还有，可根据体温、血压和脉搏数等充满活力的数据提供合适的睡眠和运动建议，我们的生活将会更健康。

在打折贱卖时大量购买，但最终压箱底的衣服也可能会减少。如果能根据手头上衣服的形状、颜色、品牌、种类等进行最合适的搭配，我们就不会大量购买没用的衣服。

另外，路过商场附近时，如果手机可接收合适的打折或打折券信息，我们就可以在控制支出之余还能享受满意度较高的消费生活。

提高购买效率，在日常生活的食材购买中将发挥更大的作用。

手机软件会配合超市特价信息提供便宜又美味的菜谱，这样就不会浪费冰箱里的食材了。另外，配合标明健康状况的活力指数，可推荐合适的家庭菜谱进而预防不良的生活习惯。

然而，现实生活中“通勤时间段内下大暴雨，电车延迟，上班迟到”“没想到遇到交通拥堵，延误了开会”等时有发生。

如果仅仅发生那还好，而对于物流、批发零售等受天气影响较大的企业，预估稍有偏差就会产生较大损失。

另外，对于从事农业、水产、林业等第一产业的人来说，如果能准确知道天气变化，营业额和成果将会天差地别。

此处列举的“事先知道××将会发生”的一系列事件，将它们变为可能的就是大数据。

所谓大数据活用就是指活用世界上存在的各种数据，并将它转化为现实的技术。进一步讲，活用数据的意识以及现象都包含在内。

0-2 大数据带来的未来一片光明!?

◆ 因经常被定位而“心情不爽”

大数据使我们的生活变得更加便利，这一点毋庸置疑。但是，因为了获取用户数据而经常被定位导致的心情不爽，以及对“被数据统治”的厌恶感也确实存在。

前面说的“心情不爽”的例子之一就是被称为“追踪型

（定位型）广告”的标签广告。

所谓追踪型（定位型）广告是指通过将用户曾浏览过的商品店铺的标签广告显示在网络浏览器上，再根据网络浏览器的网上信息模块（将用户信息暂存在计算机中或参照相关机能而得出的信息）识别浏览用户的广告。

最近，随着数据分析技术的进步，追踪定位已可跨越设备（计算机内部装置或周边机器），例如通过台式计算机上网络浏览器看的鞋广告可出现在平板计算机的网络浏览器上，这样的事情现已并不陌生。

虽然广告信息网中可识别浏览记录，但并不能锁定住址和姓名，不过对“被追踪”这一事情觉得心情不爽的人并不少。

进一步说，对于自己的真实行动踪迹被掌握，不知不觉数据被人出卖，应该会有很多人喊“No”吧。即使是为了个人不会被锁定而进行加工的安全数据，也可能会产生“真的没有被锁定吗?”等疑问，一旦怀疑，后续问题就会源源不断。

即使大量数据中个人并不会被锁定，但是如果与自己相关的数据被卖到与自己无关的地方，对此感到不愉快的人也应该存在吧。

◆ 因被协调统治而感到厌恶

因被协调统治而感到厌恶的例子较为复杂。

例如，有这样一种软件，分析个人推特（Twitter）状态的倾向，关注人所关注的网络新闻事件倾向，根据倾向向个人推送感兴趣的新闻。这的确很方便，可马上知道自己感兴趣领域的新闻，对很多方面都有帮助。

但是“想读这条新闻（曾经想读这条新闻）”，做出此决定的是计算机，还是人类本身呢?

甄选“适合自己的物或事”的基准是根据以往的生活和生活环境形成的。计算机推测的基准是“你想看的新闻是这个”“你适合的衣服是这件”。被计算机抢先提示，可能会产生“自己被计算机协调统治”的感觉。

这种“人类的意识行动被计算机、政府或别的东西控制”的状态，以乔治奥威尔的《1984 年》为首，曾在各种科幻作品中被谈到，人类的尊严受到了被帕斯卡称为“会思考的芦苇”的挑战。

◆ 计算机将超过人类智能——“2045 年问题”

如果再敷衍，警钟将会敲响。这就是被称为“2045 年问题”的未来预测，即根据“计算机芯片的性能一年半时间翻倍”的摩尔定律导出“2045 年计算机将拥有凌驾于人类智能之上的人工智能”的预测。

计算机芯片相当于人类的大脑。根据摩尔定律，它的性能以指数倍速度更新发展，总有一天计算机中将会产生具有优秀信息分析能力的人工智能。

单纯的芯片性能增加并不能产生人工智能，但是计算机芯片相当于人脑，分析庞大数据信息的人工智能技术、自发的“思考”性能迅速提高，以及“**机器学习**”技术发展很显著。

那么，会产生什么后果呢？人工智能集结所有智能创造出更优秀的智能，然后再开发新智能……如此循环，人类智能将赶不上计算机智能的发展速度。

超越人类智能的世界是何种世界，人类的想象已力所不能及。这种不可预测未来到来的瞬间被称为“技术特异点（奇点）”，这指的就是2045年。

2045年可能发生的现象如下：

- 计算机给人类造成具大威胁。
- 计算机离人类而去。
- 大脑通上电极，在计算机描绘出的宇宙（世界）中生活。

也有可能会出现科幻电影中出现的情节。

◆ 计算机不仅仅是带来，同时也会夺去

是否真的会像上述那样发展，现在谁都不能得到结论。可以肯定的一点是，许多被认为“只有人才能做的工作”在不断被计算机夺去。

例如客服咨询，通过可分模型和数据积累，计算机可根据过去的模型提出最合适的问题对策。

还有像商业企划案等“只有人才能做的工作”也有可能被计算机夺去。

现实中有制定市场策略方案的系统，将来计算机有可能提出“根据分析结果，对于20~34岁的女性来说，这样的活动最有效果”的提案。

大数据技术不断发展在给我们的生活带来便利的同时，也有可能将我们带入一个完全未知的世界。

◆0-3 不是做不做，而是如何做

◆ 如何跨越大数据的旋涡

像科幻作品所描绘的人类未来、“自己的数据被人利用”产生的不愉快，以及生活、商业、产业课题得以解决的便利性等，都与大数据有关。

是否应该加入大数据，选择权在每个个体及企业，但是现实中并不存在“不参加”这个选项。

究其原因，则是因为大数据并不是一家企业参与就可完结的，它是“不断被卷入”的过程。

将本企业保存的数据，社交媒体数据、评论网站的投稿、人口统计数据等公开数据，以及市场调查等第三方掌握的市场数据等，进行高精度分析进而提供更好的服务来提升商业化的是大数据。

即使你所在的企业不参与大数据相关工作，如果业界全体都在大数据组织内，那么你的企业也会给其他企业提供数据。

总之，如果不活用大数据，服务和商品品质的提升、新市场的开拓等新型商业的萌芽有可能夭折。

关于大数据“做与不做”的讨论已过时。事实上，市场多样化，技术不断进化，新型网络服务诞生，“一回神，商业发展已离不开大数据”。

做还是不做这简单的二次元讨论已不重要，“大数据要以什么目的进行活用”是目前需要考虑的问题。

活用大数据，开发符合市场需求的服务和商品，营业额肯定会上升。或者，在适当的时机推出必要的商品和服务，不仅销售额上升，而且会给消费者提供很大的便利。

另外，高性能计算机分析精度高、速度快，可提供有效的市场策略并可迅速实施，进而带来更大的利益。

本书以“如何活用大数据”为中心，介绍具体的大数据活用方法以及成功的要点。

第 1 章

大数据的特点

大数据到底用于什么才会有效果？理解大数据的“工具特点”就会拥有对大数据活用的整体印象。

1-1 为什么大数据如此受关注?

◆ 大数据并不是简单的信息搜集，而是资产

近几年，在新闻节目、报纸、网络中“大数据”一词已被广泛使用。它有“很多的数据”“各种各样的数据”的意思。

社交媒体的使用人数上亿，即使个体的信息量很少，归结在一起数量也会大到难以想象。社交媒体推送的信息中还会涉及“位置信息”“时间”“一起的人”，甚至还会有照片和视频，所有数据综合起来其数量也是令人吃惊的。

“大数据”这一关键词在日本是2011年从信息技术（IT）界传播并迅速扩大的。为什么“大数据”不仅仅在IT界，还会向一般商业普及发展呢?

这是因为数据在商业战略的确立上是非常有效的资产，利用数据创造出的新型服务和技术不断诞生也加速了对“大数

据”的认知普及程度。

数据（信息）是一种资产这种想法实际上并不是最近才产生的。在日本，1963 年梅棹忠夫发表的《信息资产论》中就提到了信息的活用及其支持的服务产业在经济活动中会起到重要的作用，信息活用技术将会导致社会变革。

在 20 世纪 70 年代后期，利用客户信息的邮寄广告或电话营销等被称为“数据基础市场”的营销手法得到了普及。

初期只是利用顾客的住所名录，到了 20 世纪 90 年代后期，随着计算机处理能力的提升，人们开始使用利用计算机分析能力的市场经营战略。

除此之外，零售店现金出纳机功能的完善也促进了大数据活用。例如，“什么商品在何时能出售”“店铺和地域有没有销售额和商品类别的差异”等，只要统计现金出纳机的数据就会马上知道答案。

◆ 大数据被商业接收的三个理由

像上述过程一样，大数据慢慢从一般商业活动逐渐普及。究其原因，笔者认为主要有以下三个。

第一，之前计算机能处理的数据形态仅限数值，但随着技术的进步，文字、图片、视频等形态的数据也可以得到高速处理。

第二，发达的技术促进了综合文字、图片、视频、位置信

息的社交媒体服务和交流服务的诞生。

这些新型服务管理了个人投稿的信息、时间、场所、熟人以及与朋友的交流等，也就是说“个人的活动记录”变得容易被掌握。

例如，要寻找“周六 18:00 在涩谷交叉路口的人”，可能要按照年代和居住区域线索来思考，需要调查每个人。

如果分析社交媒体，可以窥视出某种程度的倾向。例如，通过分析向脸书（Facebook）或照片墙（Instagram）上传信息的人、“现在在涩谷”在推特上更新的人、在微博上记录活动路线的人等，可以得到各种各样的信息。

此外，在社交媒体中还有公开年龄和住所区域的人。也就是说，通过分析社交媒体得到信息比以往通过住所名录和现金出纳机得到信息更能抓住消费者的心态。

第三，不仅仅是社交媒体等新型服务，将日常生活所有的行动数据化并不断储存的技术发达也是原因之一。

举个简单的例子就是交通 IC 卡，交通 IC 卡可充当车票或月票，在便利店和售货亭等一部分店铺中可以当作电子货币使用。

交通 IC 卡中除了余额之外，还记录了什么时候去了什么地方，要是实名认证的交通 IC 卡，还可获得消费者的年龄等信息。也就是说，人们在日常生活中，什么时候做了什么事可轻易被知道。

身边的例子还有很多人都有的积分卡。文化便利俱乐部株式会社（Culture Convenience Club Company）发行的积分卡不仅可在TSUTAYA连锁零售店用于DVD和图书租赁，而且在便利店、加油站、零售店、家庭餐厅等地也可积攒与消费金额成比例的积分。

某个家庭餐厅根据积分卡记录的消费者来店记录、性别、年龄，研究不同年龄层和性别的人气菜谱，研发出了新商品（后面详细介绍）。

另外像亚马逊（Amazon）的推荐服务，将购买记录相同的人分为一组，展示推荐的书籍或数据信息内容，也是大数据应用的一个很好的例子。

只不过前边说过，这对企业来说很方便，但对消费者来说“被监视”的感觉会带来不安以及厌恶感。因此，为了规范企业利用数据、买卖数据，法律做了相关规定。

企业必须给个人提供管理和协调自身信息的设置或机构。并且，要求企业在利用数据获得信息的同时要对消费者和社会做出回报。

比如当灾害发生时，通过分析推特和脸书上关于“灾害发生前后发现了什么征兆”的留言讨论，可确立下次灾害发生时的应对措施。

美国加利福尼亚州圣克鲁斯市利用以往的犯罪记录数据，分析犯罪多发的地点和时间段，加强巡逻，治安得到了改善。

如上所述，可以通过大数据分析以前不能分析的事务，以便得到新的见解和认知。

相反，如果大数据使用不当则会给消费者带来损害。因此，它是相当难处理的资产。

◆ 大数据广泛发展背后的计算机技术

接下来我们来看一下从计算机技术层面到大数据广泛发展的背景。

“大数据”这一词语得到广泛关注源于可处理大量数据的计算机技术，具有代表性的有“Apache Hadoop”。

Apache Hadoop 中的 Apache 是支持开源软件（open-source[㊀]）的 Apache 软件基金公司的名字。冠名此项技术的目的是将知识财富交由 Apache 金融公司管理。此后，Apache Hadoop 简称为 Hadoop。

Hadoop 的原型来自谷歌（Google）。Google 为了提高检索配比精度，研发了一种用多台计算机一起处理互联网中庞大数据的技术。

这就是大规模分散并列处理技术“MapReduce”。MapReduce 将大量的数据交由多台计算机同时处理，提高了运

㊀ source 是指计算机软件中的程序。开源软件是指程序免费向全世界公开，用户可根据此程序自由开发。例如，微软（Microsoft）的 Windows 系列程序（source）内容就是非公开的；芬兰籍的程序员林纳斯·托瓦茨开发的 Linux 程序编码是公开的，依此各种各样的商用 OS 得以开发。

算速度。

比如，以往的数据处理结构是一个人解决 100 道计算问题，而 MapReduce 就是 100 个人解决 100 道计算问题。再优秀的人自己解决 100 道问题也不如 100 个人分别解决一道问题速度快。

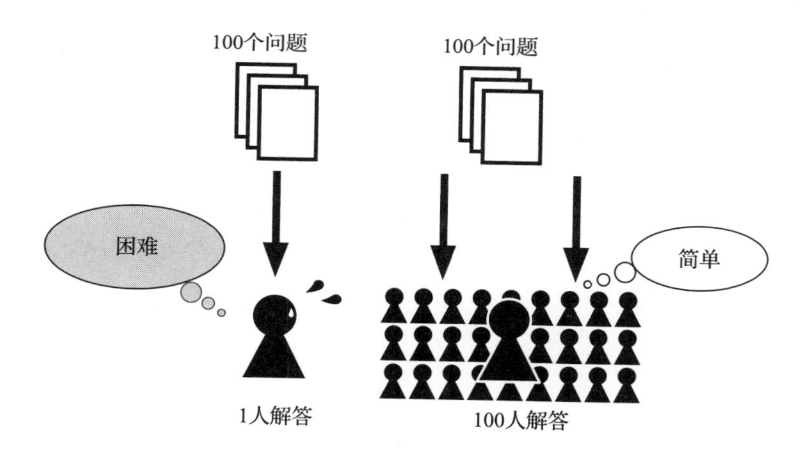

分散并列处理

Hadoop 是组合 MapReduce 中分散数据储存的文件系统的技术（HDFS）。它是一种开源软件，谁都可以使用，因此在各种 IT 行业得到了普及。

世界上最大的社交网络 Facebook，以及海外逐渐普及的社交工具“LINE”，为了处理大量的用户信息也开始使用 Hadoop。

1-2 大数据的三个“V”

◆ 代表大数据特点的三个“V”

接下来让我们思考一下“大数据”的定义。

实际上大数据并没有一个明确的定义，但是一般使用“3V”模型来表现大数据的特点。

三个“V”分别为 Volume（量大）、Variety（多样）、Velocity（快速）的首字母，这三个单词表现了大数据的特点。

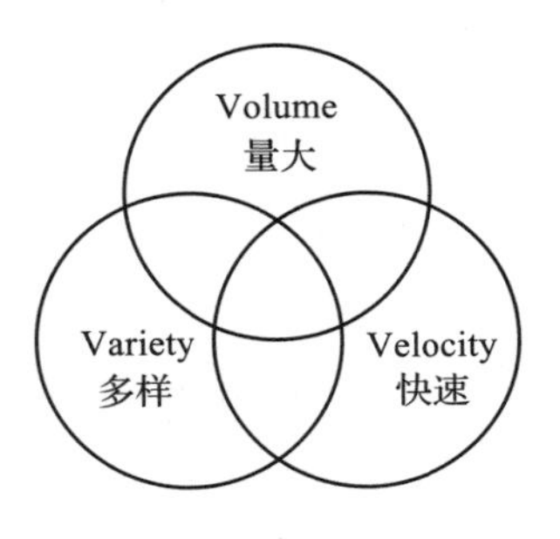

“3V”模型

Volume：“Volume”按照字面意思就是大数据的“大”。《平成 26 年[㊀]度信息通信白皮书》中预测，在东京奥运会召开

㊀ 平成 26 年即公历 2014 年。——译者注

的 2020 年，全世界电子数据量将达到 40 泽字节。

“泽”是 10 的 21 次方，数字为“1 000 000 000 000 000 000 000”。日语中数词 10 的 16 次方称为“京”，10 的 20 次方称为“垓”，10 的 24 次方称为“杼”。以后的几年中会积蓄想象不到的大量电子数据。这“无法想象之大的数据”就是大数据的特点之一。

Variety：“Variety”就是多种多样的意思。前边介绍过，大数据的科技含量就在于不仅可支持数据，而且可支持文字、图片以及视频，信息量大、类型复杂。

例如，除了社交媒体的数据之外，还有“客户及工作人员的评论”“客服及录音机中记载的声音”“监控录像”等均是非常有用的数据。通过组合这些数据，可得出无限的见解与知识。

Velocity：“Velocity”的意思为快速，可细分为两个层面。

其一为“同时性”。数据在此刻积攒，永不停止。永不停歇的交通 IC 卡使用人群，世界各地向社交媒体的投稿，以及地球另一侧人们的活动及商业数据等，数量大、类型多。这些数据同时增加，速度快、数量大。

其二为“分析快、高速处理”。前面也介绍过，大数据之所以受到关注，其原因之一就是可高速处理庞大数据的技术进步。大数据是否能被高速处理很重要。

但也不能说上述三个特点不齐全就不能称为大数据。准确理解大数据的概念还是很难的。

◆ 可以分析的数据类型增加，大数据的可能性增大

下面介绍一下数据类型的差异。数据有以下三大类：

（1）构造性数据：融合关系数据库[一]构造的数据，具体来说，是指像 Excel 表那样“行”“列”构造的数据，一般公司内部信息技术部门使用得较多。

（2）半构造性数据：不像构造性数据那样有固定的构造规则或规则不完整的数据，具有代表性的为传感器传递的传感数据、XML[二]类型的数据。

（3）非构造性数据：无规则的数据，是一般业务系统或关系数据库无法处理的数据。社交媒体中文字数据、声音数据、图片数据以及视频数据等均是此类数据。

㊀ 计算机科学家 E. F. Codd（1923～2003）提出的基于“关系模型”，汇集管理数据、可用计算机操作的系统，也称为 RDBMS（Relational Data Base Management System）。关系模型是指整合数列或文字列等数据形态的“定义域”和记录数据种类的“属性名”（name 或 address），将数据以像 Excel 的形式记录的一种模型。用 Excel 的列管理邮政编码，标题（最上一行）输入“postcode”，列输入的数字定为“半角数字”，此时定义域为输入的“半角数字”，属性名为“postcode”。

㊁ 正确的标记为“Extensible Markup Language”（可扩展标记语言）。简易语言定义文章结构或设计，计算机遵循此定义表示文字和段落。例如，按照 XML 模式，heading（标题）用 <heading> </heading>表示，body（正文）用<body> </body>表示，计算机通过读取这些构造，可自动表示文字的大小和粗细。

构造性数据

主要以关系模型为基础的数据库构造固定的数据

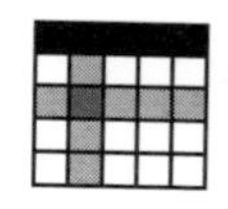

用表统计的数据

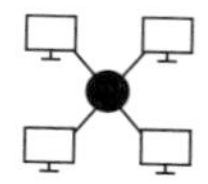

公司内部系统积攒的数据

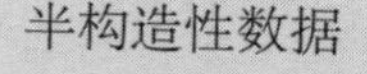

虽有某种构造，但不一定固定，会有不规则、不完整部分的数据

XML形式的数据

感应器发出的数据

非构造性数据

完全没有秩序的数据，无法用通常数据库或软件进行解析

SNS文本数据

音乐、图像、数据

主要数据形式的种类

此前一般商业系统可处理的数据主要是构造性数据，但随着技术进步，半构造性数据和非构造性数据的分析逐渐成为可能，大数据的可能性就进一步增大了。

1-3 作为工具的大数据：第四个“V”

◆ 大数据的第四个“V”

此前分别介绍了表示大数据特点的三个“V”，即“Volume”“Variety”和“Velocity”。

例如，A 公司内有庞大的贸易数据，也经营社交媒体，客服部的咨询数据等都被保存了下来。

但是，如果仅仅保存是否就可说“本公司正从事大数据相关工作”呢？只是储存数据，不会产生任何成果。即使服务器或基础数据数量少，但是能够活用现有数据的公司也许更有资格说在从事大数据相关工作。

因此，三个“V”还不够，是不是还需要从别的观点来定义大数据呢？这样的讨论进入人们的视野。这就是第四个“V”——“Value”，也就是活用大数据“能产出多少价值”。

大数据并不是特指某种数据，或数量大、类型多的数据，而是“能产出多少价值”的数据。

◆ 大数据活用与此前的数据活用有什么区别？

此前参加大数据相关研修和演讲时，活动结束后的问卷调查中总会有“大数据活用和此前的数据活用有什么区别？”相关的疑问，特别是以下 3 点经常会被问到：

- 何种程度的量可称为大数据？（Volume）
- 没有定性的数据就不是大数据吗？（Variety）
- 必须同时处理吗？（Velocity）

既然称为大数据，在意量的多少可以理解，但是对于

“何种程度的量可称为大数据?”却没有定案。

如牵强举例，可以Excel可处理的数据量（1 048 576 行×16 834 列）为基准，但是Excel本身可处理的数值或文字列种类有限，这样的基准也是没有意义的。

数据量大时可进行详细的分析是事实，但是在此之前需要明确使用如此庞大的数据要分析什么。因此，需要考虑是否有足够量和足够有效的数据来研究想研究的课题。

另外还经常被问：“数值以外没有定性的数据，是否可称为大数据?”这样的提问也是没有意义的。

那是因为数据的种类并不重要，“如何活用”才是问题所在。例如，想要以各店铺的营业额为基础分析营业倾向，有营业额数值就足够了。

如果除了营业额外再追加上客户的需求，分析顾客的需求与营业额的相关性，那么就需要评论和投诉等定性数据了。“大数据活用”并不是目标，思维需要向“想知道××，所以要活用定性数据和数值数据”转变。

最后的“同时处理”问题，从大数据技术的观点来看是不可避免的问题。

实际上有可实现同时处理的技术，称为数据流处理或CEP（Complex Event Processing，复合事件处理）技术。

但是，实际的商业中基本没有运用“同时处理”的例子。

其中一个很好的例子就是"Yahoo! JAPAN Hadoop"。将以往1台计算机进行的对数汇集处理通过20台组合的Hadoop平台运行，可将时间从以往的约6小时缩短到5分34秒（http://techblog.yahoo.co.jp/architecture/hadoop/）。

以往需要1天时间处理的数据分析几分钟就可完成，这使我们可快速发现问题，尽早采取措施。

不要过于拘泥于严谨的"同时处理"，从商业的视角出发采取"迅速行动"更为重要。

◆ 大数据生产的价值（Value）

然而，实际上进行上述分析之后"没有有用的发现"的例子不胜枚举。虽然想要发掘消费者需求，但是分析结果可能只是"便宜商品销路好，昂贵商品市场有限"。

通过本书的例子就会知道，大数据活用就是在此意义上不断反复摸索尝试的过程。这个过程被当作"无价值"还是"将来可能会有价值"，全靠活用大数据者的个人技术。

如果能理解"已知的事实经数据得到证实"也是分析成果之一，那么这就可以为今后分析及假设的确立确定方向。为了取得成果，数据收集及假设的确立以及反复验证本身就会促进商业成长，最终会"产生价值"。

◆ 大数据不是“减法”而是“加法”

大数据活用与以往的数据活用有一个显著的不同，那就是以往的数据活用为“减法”，而大数据为“加法”。

以往商业活动中的数据分析都是从积累的各类数据中抽取一部分进行加工以便分析。例如“营业分析”，将营业额、店铺、地域、商品、时间等与营业相关的项目进行统一，构建专门的基础数据以便分析，再从其中的某个断面抽取数据进行分析活用。

这样，虽然可以看出营业推移、地域差别、店铺差别等大的倾向，但是为什么会有类似的倾向却无法得知。那是因为这些基础数据不够充足，所以仅仅停留在假设阶段。

另外，发现倾向一般所采用的统计方法是母公司发现大倾向所采用的方法，因此在分析时需要将母公司营业中突发的、局部变化等琐碎的例外及异常值剔除出去。

那么是否就是说这种方法有问题，答案是在实际的商业活动中，此方法就足够了。究其原因就是在日常的商业活动中，只要把握了大的趋势，再采取措施就足够了。因此，对于那些非常有限的需求或特殊事件，人们倾向于暂不考虑。

但是，对于以 Amazon（亚马逊）为代表的无实体店铺的电商来说，“销售量虽少，但种类丰富以满足各类消费者需求，进而扩大消费者群体”的长尾理论战略却非常重要。分析此类多种多样的需求时就需要注意到那些琐碎的例外及异常值。

正确分析异常值及例外事件，需重新收集并分析导致其产生的数据，也就是说是“数据的加法”。像这样详细说明实际状态并研究对策的活动，才可以说得上是大数据的活用。

以往的数据活用因受到处理时间及技术问题的限制，一般会减少数据量进行研究处理。相反，在大数据的活用中，高速处理各种数据已成为可能。

与以往的数据分析相比，大数据的活用被称为“加法”，这也是这类工具使用的一大特点。因此，数据的加法中可能隐藏着探究目的成因过程中意想不到的发现。

本书以后采用“数据活用”“数据分析”的说法。

“数据活用”是指“反复实验分析各类数据，将其结果运用到商业活动”，即“大数据活用”。

“数据分析”是指数据活用中的“分析”环节。

1-4 大数据所处的社会环境

◆ 日本的国家战略和大数据

2013 年 6 月，旨在摆脱经济通货紧缩的日本通过了将信息通信技术定为经济增长引擎的“世界最先进 IT 国家创造宣言”，以支撑经济增长战略。

此后开始组织各种活动，在“世界最先进 IT 国家创造宣言”通过 2 年之后的 2015 年 6 月，其组织活动形式又有了新变化。为了让国民能切身感受到世界高水准的 IT 活用，旨在创造如下社会：

- 深化 IT 活用，创造面向未来的成长型社会。
- 激活活用 IT 的街道、人、工作等，创造活力社会。
- 活用 IT，创造安全、安心、丰富的社会。

下文为宣言的基本理念。

伴随技术的发展，IT 相关的产业结构在今后会不断产生大的变化。“数据”将和“人”“物”“钱”一样，成为一种新的资源，特别是在大数据时代，“数据”的活用，也就是 IT 的活用是带来经济增长的关键，也是课题解决的重要手段之一，近年对大数据的认识也逐渐加深。跨领域的“数据”收集、存储、融合、解析、活用在创造新的附加值的同时，加快了变革速度，期望它能促进产业结构升级和社会生活变革。

以此理念为基础，日本还发布了实现“世界最先进 IT 国家创造宣言”的工程表。现阶段的工程表如下所示。

实施日程（1. 实现创造新产业、新服务与全产业成长的社会）

年度	短期 2013	短期 2014	短期 2015	中期 2016	中期 2017	中期 2018	长期 2019	长期 2020	长期 2021	KPI

（1）公共数据和大数据活用的推进

① 公共数据的民间开放（Open Data）的推进

重新定义使用规则
- 重新定义各府省主页使用规则（内阁官房、全府省）
- 对必要的使用规则重新进行评价（内阁官房、全府省）

KPI：各府省公开数据的达成情况

扩大充实数据目录的准备以及公开内容
- 启动数据目录试行网站（内阁官房、全府省）
- 正式启动数据目录网站（内阁官房、全府省）
- 改善数据目录网站机能（内阁官房、全府省）
- 公开数据相关的基础准备（内阁官房、总务省、经济产业省）
  - 信息流通合作API（数据模型API标准等）开发和证实(总务省)
  - ↕合作
  - 信息合作用语数据库的开发和验证（经济产业省）
- 公开数据相关设备的维护、管理和普及（内阁官房、总务省、经济产业省）
- 充实数据名录的登记内容
  重点领域[地理空间信息（G空间信息），防灾、减灾信息，预算、决算、调配信息，人员调动信息，白皮书]优先实施（全府省）
- 统计数据的公开化推进（总务省、全府省）
- 地理空间信息（G空间信息）的流通准备等（总务省、国土交通省、经济产业省）

KPI：数据目录中刊载的数据量、登录量、下载量；活用公开数据开发的软件数

促进公共数据的利用
- 公开数据的普及、启蒙以及人才培养（总务省、经济产业省）
- 促进利用数据目录网站刊载的数据（内阁官房、全府省）
- 把握API使用需求，API的维护，提供综合目录（内阁官房、总务省、全府省）
- 通过信息流通合作共用API及信息合作用语的数据库开发和验证，公共云的构建，指导思想的整理等，支援自治体各自的公开数据公开化（内阁官房、总务省、经济产业省、相关府省）
- 制作支柱型企业商业相关活用案例集
- 促进利用空间地理信息（G空间信息）创造新服务，以及防灾、地域活性化（总务省、国土交通省、经济产业省）

日本实现“世界最先进IT国家创造宣言”工程表

引自：https://www.kantei.go.jp/jp/singi/it2/kettei/pdf/20150630/siryou3.pdf

如上页表所示，日本与大数据活用相关的法律或环境的整合已在 2015 年度基本完成，以后将继续普及政策的实施及改善。

国家层面的推进，说明大数据已过了“大数据是什么”的阶段，现在正朝着“如何利用及推进大数据的使用”的实践阶段迈进。

1-5 熟练掌握工具的“数据科学家”

◆ 从庞大的数据引导成果的“数据科学家”

与大数据一起备受瞩目的还有“数据科学家”。

最早受瞩目的要数 2011 年 11 月 8 日日本经济新闻网络版中“人才不足……数据科学家争夺战开始”这一新闻。其中提到：“在将大数据运用到具体业务的过程中，还有许多需要解决的课题，其中最大的问题就是人才不足。”美国的 Facebook 和 CyberAgent 公司声明它们已开始强化雇佣数据科学家。

此后数年，数据科学家的不足仍旧没有解决，随着需求增高，数据科学家被称为“21 世纪最热门的职业”，现在人才依旧不足。

所谓数据科学家，用一句话来说就是“根据目的活用数据引导成果的技术人才”。

前面的新闻报道中介绍过，学习统计学的学生及数据挖掘专家（分析大量数据，发现相关关系和模型）已成为各企业互相争夺的人才，但是统计学专家是否能成为优秀的数据科学家，答案是未必。

这是因为，统计和数据挖掘只是“方法论”，如果想要在“商业活动中取得成果”，读取数据的能力、将结果应用到商业活动中的能力、各种部门及人才的管理能力等都是需要的。

那么数据科学家到底需要具备哪些技能呢？优秀的数据科学家需要以下三种技能。

统计：能创造分析模型并进行统计分析，解析结果精度高。

IT/技术：获取数据和积累输出数据等实际操作能力。

商业分析：理解获得的结果，并将其在商业活动中活用，落实到具体政策的能力。

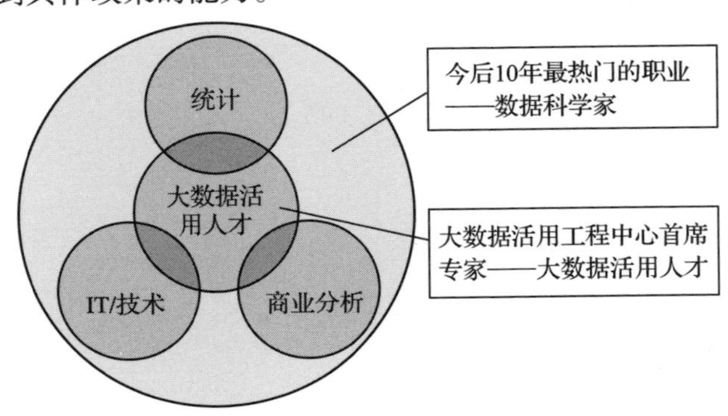

数据科学家必备的三种技能

◆ 组成“数据科学家小组”

最理想的状态就是一个数据科学家掌握以上三种技能。可是，一人要掌握如此范围广阔的技能要花费太多的时间，并且三种技能都具备的人才很少，雇佣本身就很困难。

因此我的建议是组成“数据科学家小组”。

小组中有统计、IT/技术、商业分析各个领域的专家。但是，如果各领域不能互相理解沟通也是不能称为组织的。因此，需要培养三个领域都懂一些，以便指导三个领域专家的人才，在此称为“大数据活用人才”。

大数据活用人才在大数据活用工程中，掌握各领域专家的共同语言，是交流沟通的枢纽。

以大数据活用人才为中心，由各个领域专家组成研究小组，可能是引导成果最快的方法。

但是，聚集各个领域的专家并不是一件简单的事。专家可不必拘泥于一定是公司内部的人，在特定的领域外聘人才可能更有利于研究小组的组建。

第 2 章

大数据活用要有目标

本章在介绍大数据活用的成功事例和失败事例的基础上，解释大数据活用中目标的重要性和与其背景相关的考虑。

2-1 大数据活用无法顺利进行的三个类型

◆ 不要被“大数据”迷惑

世界在不断向着“必须要活用大数据”“不参与大数据就会落后”的方向发展。没有参与到大数据的企业肯定很焦躁。

在此情况下虽然开始参与大数据，但是一旦公司要自构大数据活用，中途受挫、不出成果等无法顺利进行的事情就常会发生。

从大数据无法顺利进行的事例可看出，其原因是对原本仅是“工具或手段”的大数据期待过高，“活用大数据”本身成为活用数据的目的。

这些例子的共同点可总结为以下几类。

- 认为只要收集了数据就会没有太大问题。
- 热衷于探求特殊的事例及罕见的发现。
- 只关注数据不看实际情况。

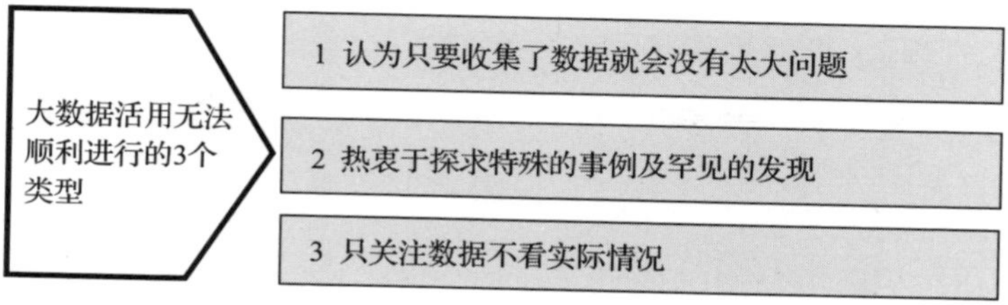

大数据活用无法顺利进行的3个类型

1 认为只要收集了数据就会没有太大问题

2 热衷于探求特殊的事例及罕见的发现

3 只关注数据不看实际情况

1. 认为只要收集了数据就会没有太大问题

可能是因为“大数据”的原因，人们总是倾向于要准备大量的、多种类的数据。但是，仅仅胡乱收集数据不一定会产生有意义的结果。

2. 热衷于探求特殊的事例及罕见的发现

就像在数据挖掘界很有名的“纸尿裤和啤酒法则”一样，分析数据后发现了意外的新天地。总之人们愿意寻求“新颖的结果”。

所谓的“纸尿裤和啤酒法则”是指在分析某超市销售数据的过程中发现，购买纸尿裤的顾客同时有购买啤酒的倾向，因此将纸尿裤和啤酒卖场设在一起就会增加营业额。

“纸尿裤和啤酒”被当作“市场篮分析”的事例。这是通过分析“一次购物中一个商品篮中选中的商品”的倾向，来把握一起购买的商品组合的方法。

这种奇怪的组合之所以成立，理由是纸尿裤重且体积大，不方便携带，很多家庭都是爸爸负责购买，来超市购买纸尿裤的爸爸们大都会顺便购买晚饭时的啤酒。

实际上“纸尿裤和啤酒”的事例出自哪里并不明确，是否有像该事例一样取得成功的企业以及其真伪也不明确。只是，听到具有如此冲击力和说服力的故事后，就会将“我们公司要是分析数据可能也会发现之前没有注意到的事实”的期待变高。

这样的想法也许就是导致大量收集各种数据的原因。

其实，即使尝试分析数据，最终可能还是“不用分析也会知道”。

确实，对“任何人都能感知的事实”仅仅用数据证实并不能说有价值。但如果对大数据抱有太多幻想，想尽一切办法得出“无法得到的事实”，其道路肯定是艰辛的。

大多数情况下，就会像慢出的剪刀石头布一样，被说“这个早就知道”，然后为了得到新的启示可能重新分析数据。

对于商业活动一线的人都无法感知的倾向，不要生硬地想从数据得出结果，而将一线的专家或经验丰富的人所感知的倾向用数据加以明确则是数据的原本价值。也就是将抽象的事物具体化。如果不理解这个就开始数据分析，很有可能只是浪费时间。

3. 只关注数据不看实际情况

这是对数据的期待过于极端，只重视分析结果，忽视一线的意见和感觉，最终导致失败的类型。

例如，颇受女性欢迎的时装精品店，一线的员工感知“男性的购买者偏多”，但是公司内部数据分析的结果显示

“女性购买者占近 8 成”。

这家店铺发行了自家的积分卡，调查这些积分卡的购买明细，发现女性占绝大多数。

出现这种情况的原因就是“情侣结伴购物时男性顾客出示女伴的积分卡购物”。

尊重一线员工的意见，公司本部认为“实际上男性顾客多”，就增加了男性商品的卖场面积，最终增加了销售额。如果只看数据，无论如何都不会想到实施“扩大男性商品卖场面积”的政策。

2-2 没有目标的大数据工程不会顺利进行

◆ 大数据工程成功与否在于其目标的定义

笔者做过“数据科学家培养课程”的讲师，见过很多志在成为数据科学家的学生。他们大多数都对大数据很感兴趣，抱着强烈的想法，认为通过数据分析可强化商业活动。

其中也有“我所在的公司非常想做数据工程，因此我来参加研修了”的人。再详细询问，他们通常会回答：“通过各种数据分析可能会发现有趣的事情，所以先试一下。”由此看出，无论接收研修的人还是其所在的企业，都没有明确的目标。

实际上在没有“明确的目标”的状态下开启的大数据工程多以中途失败告终。

也有人可能会想：“既然没有目标，怎么能说得上是失败呢?”但是因为没有目标，所以大数据工程本身就成立不起来，实验一次就会失败。

例如减肥，需要定下目标，如“想穿小一号的时装去约会”或“再轻5千克”等。

没有确定的目标，盲目控制饮食，进行剧烈运动，是不会长久的。相反，可能会产生“为什么要做如此艰辛的事折磨自己?”的想法，最终放弃饮食控制和运动。

大数据工程多半非常麻烦，耗费时间，无法顺利得出结果，于是自暴自弃，回过神来发现工程早已分解了。这应该是大家最想避开的失败类型。

确定明确的目标，事前定好该做些什么，即使工程不能顺利进行，也可以回到最初的目标重整旗鼓。

2-3 从《点球成金》学习大数据活用要点

◆ 通过数据活用强化队伍——MLB棒球竞技

2011年上映的电影《点球成金》由人气影星布拉德·皮

特主演，有人可能看过。

该电影由美国 MLB 棒球联盟成员奥克兰运动家棒球队的真实故事改编而成。原作为非虚构长篇《魔球：逆境中致胜的智慧》，2005 年开始发行，之后迅速成为当年最受欢迎的畅销品。

旨在大数据活用，我们可以从《点球成金》中学到要点，那就是"要明确数据活用的目标"和"辨别必要的指标和数据"。

1. 明确数据活用的目标

说到"明确数据活用的目标"，奥克兰运动家棒球队的目标就非常明朗，那就是"组成不花成本就可赢得比赛的队伍"。

那是因为当时奥克兰运动家棒球队面临着这样一个难题：没有丰富的资金可以聘请到人才以对抗资金充足的人气球队。

要解决这一难题，就需要聚集那些财力雄厚的球队不关注的球员来组成球队，因此寻找这样的球员就显得格外重要。

2. 辨别必要的指标和数据

因此，奥克兰运动家棒球队的总经理比利·比恩制作了一项新的指标"SABRmetrics"，用以组成新球队。SABRmetrics 是美国棒球学会的简称"SABR"（Society for American Baseball Research）和"metrics"（测定基准）的合成语。比利·比恩通过分析棒球相关的各种数据，最终制定出了一个能确保球队赢得比赛所必要的人才指标。

比利·比恩具体的步骤是先筛选出“和得分相关的指标”，再将选手的能力大小进行数值化。安打率高的击球员打一分本垒不如长打更有利。

比利·比恩重视的是选手的“出垒率”。所谓出垒率，简单来说是指一个击球员在全击球手位区出垒的概率，安打以外的四次坏球等也包含在“出垒”内。

一般来说，击球手是通过击中率和得分率来评价的，但是比利·比恩通过“出垒”，即无论以何种形式，其相对投手的出局率总是很低，这些选手就可组成棒球的击球战线。

四次坏球不一定就是坏事，反过来可以说“击球员的选球能力高”。击中率高的选手或本垒击球员人气高，年薪也高，但击中率低、出垒率高的选手得分的希望也高，因此可以以低年薪获取这些球员。

同时垒打数和打数的比值“长打率”也受到了重视。垒打数是指击球员以安打打进了多少垒的数值，通过“垒打 = 单打 ×1 + 二垒打 ×2 + 三垒打 ×3 + 本垒打 ×4（或安打 + 二垒打 + 三垒打 ×2 + 四垒打 ×3）”求得。所得数值再除以打数即为“长打率”。

比利·比恩制定了赢得比赛所必需的指标，以数据为支撑进行了实践。2001 年、2002 年连续 2 赛季 100 胜，特别是 2002 年在全球队中取得了最高的获胜率。

◆ 大数据活用为“战略”

《点球成金》原著出版之初，数据化的棒球受到了保守棒球派的批判。

他们称“棒球是人玩的东西，不是用数字来测量的东西”。的确，棒球的构成要素并不是数据，但是从棒球游戏中的数据可以看出某种趋势也是事实。

决定此种趋势是否用在比赛中是“战略”，并不是“有数据就一定要分析”。奥克兰运动家棒球队正是有了“用低预算创造强队”的意愿和目标，最终才采取了“使用可活用的（数据）”战略，这是经营判断。

棒球虽然是人玩的东西，但是奥克兰运动家棒球队将比赛的效果最大化，采用了数据活用。大数据活用也同样，并不是“因为大数据很流行所以进行分析”，而应该以“实现某种目标”为出发点。

2-4 商业活动中大数据活用的四种模式

◆ 引导大数据成果的四种模式

从国内外大数据活用的事例可以看出，大数据活用的根本目标是引导商业活动取得成果。

前述的《点球成金》中通过“创造强队”引导了顾客量的增加，结果比赛门票和周边商品的营业额均有增加。

那么为了取得商业活动的成功，可以采用什么样的大数据活用措施呢？从各种事例可以看出有以下四种模式。

<table>
<tr><th></th><th></th><th>大数据活用的目标</th><th>大数据活用的优点</th></tr>
<tr><td rowspan="2">新型商业</td><td>新获得数据</td><td>① 提供数据开展新型商业活动</td><td>提供收集的数据，通过浏览和使用获得回报</td></tr>
<tr><td rowspan="3">从既存商业中获得数据</td><td>② 通过既存商业数据开展新型商业活动</td><td>分析收集到的数据，用于开发新商品和新服务</td></tr>
<tr><td rowspan="2">既存商业</td><td>③ 将从既存商业活动中得到的数据用于既存商业活动以增加营业额</td><td>通过分析数据提高顾客体验</td></tr>
<tr><td>④ 将从既存商业活动中得到的数据用于提高既存商业活动的效率和品质</td><td>通过分析数据降低成本，提高商品品质</td></tr>
</table>

商业中大数据活用的四种模式

商业成果无非就是增加收益。增加收益有扩展新事业或增加销售额等“增加”方向和削减成本等“削减”方向。无论哪种方向均可用于大数据活用。

1. 提供数据开展新型商业活动

数据商业活动在大数据流行以前就已经存在了。例如，出售各行业市场调查报告的 Think tank（众多专家聚集的调查研究机构），以及出售全国零售店零售业绩等的公司数量很多。

可是近几年，随着大数据活用以及大数据相关技术的进步，新型的数据商业活动开始登场。

提供“街谈巷议@科长”的 hotto link 株式会社就是这样的公司之一。

“街谈巷议@科长”是特化的云[⊖]社交媒体分析工具，其数据源跨越博客、推特、2ch 等主要网站，在日本规模最大。

可根据需要，对这些街谈巷议（评论）可追溯到过去进行分析。例如，发表评论的人的属性分析、讨论的话题分析、包含电视和网络新闻在内的交叉媒体分析等，都可自由进行。

“街谈巷议@科长”的最大特点就是收集评论等网上公开的数据，通过网络浏览器可以很容易地进行分析。

“街谈巷议@科长”网站首页

引自：http://www.hottolink.co.jp/service/kakaricho

另外，和本公司的数据组合时，利用数据相关的 API

⊖ 通过网络使用各种软件或进行文件存储服务。有名的云服务有谷歌的“Google Apps”和 Salesforce 的“Markketing cloud”等。

（Application Programming Interface，可从软件中便捷利用内容和数据的接口）进行分析也是颇受关注的一点。

以往的数据分析以本公司内的销售数据、商品数据、顾客数据为对象进行分析，但随着高速处理庞大的非构造数据技术的进步，活用网络上“鲜活的声音”进行分析已成为可能。“街谈巷议@科长”综合了企业需求和大数据技术的进步，实现了提供数据本身的新型商业活动。

2. 通过既存商业数据开展新型商业活动

和前述商业中大数据活用类型类似，该类型通过以已开展的商业活动数据为基础，开展新的商业活动。

上一类型中介绍的“街谈巷议@科长”收集的是外部数据，而该类型是将本公司内积累的数据用于新事业的开拓。

其中的事例之一就是 AD technology（网络广告技术）中 DMP 的诞生。

DMP 是在网络广告发布中，根据浏览广告用户的需求及状态能够实现最佳发布的平台。

网络广告中浏览广告的人对于广告商来说是“顾客消费者”，对于刊登广告的媒体来说是“读者和听众”。也就是说浏览广告的是试听者，集合这些视听者数据[一]的就是 DMP。

㊀ 视听者数据：以网站的访问次数和 Cookie（某些网站为了辨别用户身份而暂时保存在本地终端上的用户信息数据）等数据为基础，组合登录用户的购买记录、属性数据、位置信息等，设想用户接受何种广告的数据。

现在，广告买卖越来越系统化、自动化，匹配多个媒体/广告的“广告网”组织、拍卖广告存货的DSP（Demand Side Platform）和SSP（Supply Side Platform）等平台也在不断涌现。

其中，将广告主和媒体双方利益最大化并不断发展的要数DSP和SSP了。DSP是广告商出品广告并买断广告栏的平台；SSP是媒体方出品自己的广告栏并发布广告的平台。

将DSP和SSP结合，通过最合适的媒体将最合适的广告发送给最合适的视听者的平台则是DMP。

DMP活动中，除了各DSP和SSP从业者将积累的数据提供给广告主之外，也存在提供广告效果测定用的广告标签（广告内容需求数据）的从业者提供的数据。无论哪种，提供的都是从既存商业活动中得到的数据，从而扩大了广告发布的范围。

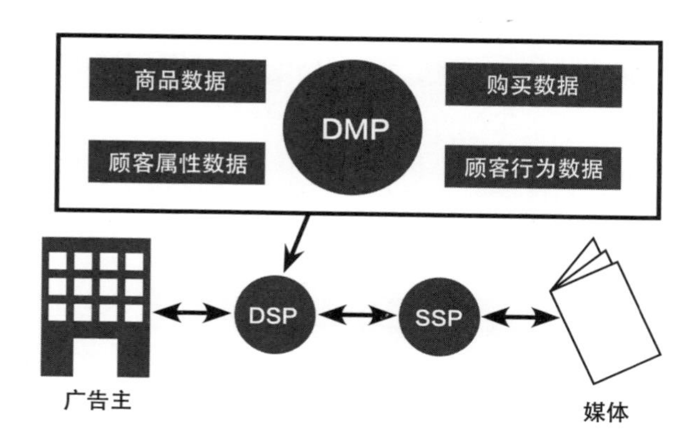

网络广告中视听者数据活用机制

注：根据翔泳社出版的《AD Technology》第65页图绘制而成。

例如，雅虎株式会社在网络广告事业中，除了 DSP，还在开展 DMP 服务。运行名为 Geniee SSP 的 Geniee 公司将本公司自持的 1 亿特有用户的视听数据等提供给广告代理商或广告主，以支持广告发布的最合理化。

3. 将从既存商业活动中得到的数据用于既存商业活动以增加营业额

说起大数据用于商业活动最适用的领域，人们往往想到的是“提高既存商业的营业额”。

“买过此商品的人还买过这种商品”，Amazon 的这种记忆功能可从过去购买相同商品的顾客的购买历史中找到关联性高的商品，旨在提高购买额。

与前述的广告发布同理，发布平台锁定对广告商品关心度高的顾客，以增加广告点击率和购买率。

那么面向增加营业额，数据活用都有哪些手段呢？要使营业额增加，基本可考虑以下三种方法。

- 增加顾客数。
- 增加购买额。
- 增加购买量或来店频率。

要增加顾客数，需要对客户进行分析；要增加购买额，需要把握过去的购买记录和需求。

增加购买量或来店频率对锁定顾客的心理意识以及举办各

种活动是非常有效的。

为了制定各种措施，需分别对顾客数据和市场进行调查，并对各商品的购买倾向进行分析。具体的事例会在后面介绍。

4. 将从既存商业活动中得到的数据用于提高既存商业活动的效率和品质

前面介绍的三种类型均为“增加（营业额）”方向，该类型为削减（各种成本及风险）类型，服务以及商品品质的提升等无法看见的附加值的提高均包含在内。

例如，日本柏太阳神 U－18 足球队给各位选手配备传感器以把握他们的生活节奏，用于选手培养。该措施在 2012 年施行，是增加无法看见的价值的事例之一。

分析结果显示，训练前睡眠充足的选手往往能充分发挥才能，而住宿远、进展不顺利的选手如果能够保证充足的睡眠，那么在集训中也能超长发挥。于是，重视集训整顿以及推行午睡等被纳入选手培养计划中。

传感器数据活用的例子还有日式料理连锁企业 Gankofood 株式会社施行的“店员活动可视化”措施。

传感器数据将店员活动可视化，从而理顺店铺内的活动线，大厅和收银台等责任人各司其职，提高了服务品质。

另外，佐贺县卡车运输公司 Towado 也通过传感器采集的数据掌握司机开车习惯，提高了其开车技术，削减了轮胎的磨损和燃料消耗，甚至降低了事故发生率，保险费也比之前减少了 75%。

2-5 利用大数据开展“新商业”

◆ 大数据技术带来的“新商业”

关于商业活动中大数据活用的类型，我们再来看一些例子。

首先是新型商业活动和大数据的关系。以往就存在的数据商业在近几年发生了巨大的变化，其理由已经说明过，是因为数据处理、分析技术的快速进步。由此，拥有文本数据、动画、位置信息等丰富信息的定性数据、公共数据活用的“大数据商业”诞生了。

不光是提供数据，独自分析的报告、分析工具/软件的提供等模式逐渐在向多样化方向发展。

例如，广告代理株式会社 OPT 拥有超过 10 万用户的访问日志数据，据此开发了提供用户行动数据的解析平台 C-Finder，用于支持企业市场活动。

因为消费者的行动可详细地被掌握，所以企业可掌握自己以前没有掌握的竞争网站的经营状况以及消费者的真实需求，也可分析本企业脱离网站后的运行状况。这些绝对是大数据技术带来的新型商业活动。

从事电视节目数据调查分析发布的 EMdata 株式会社，制作销售独一无二的数据——TV 元数据。

TV 元数据是指，记录东京、名古屋、大阪地区各电视台负责放送电视节目的 100 名员工“何时，在哪个电视台什么节目，在什么主题中，就哪家企业的哪种商品，在何时间段，怎样进行了播放”的数据。

最近，以在电视上出现为契机，一夜爆红，销售额一路飙升的事例有很多。TV 元数据作为分析电视节目与知名度和销售之间因果关系的有力数据，受到广泛关注。

按字面意思“抽取数据，附加新数据”，其商业活动也有产生“附加值”的活动类型。分析并提供拥有位置信息的社交媒体数据的 naitoreto 株式会社，根据 SNS 信息推测人的实际行动，销售符合地域特点的市场数据和风险管理数据。

又因为数据里包含了各种信息，可推断性别、居住区域、上学通勤区域，所以可实现更为详细的分析，锁定更精确的顾客层，可用于区域市场活动。

在美国，诞生了一项新领域，即统合分析公开数据，推测不动产价值和销售价格的服务。

例如，美国最大的经营不动产以及从事查证工作的 Metropolitan Regional Information Systems 公司，在不动产价格、建筑物和土地的照片以及不动产从业者的解说之外，还添加了行政、天气、交通等公共信息，有偿提供不动产评估报告和分析过程工具。

◆ 既存数据活用带来的新业务

大数据技术可使从既存商业活动中获得并积累数据变得容易，利用本公司积累的数据创造新的业务的企业也在不断增加。具体来说有两种类型。

（1）将个人信息匿名化，在保护个人信息的基础上从既存商业中获得数据。

（2）为便于将从既存商业活动中获得的数据市场化，以工具或软件的形式提供。

第一种类型中，已经拥有可提供的数据是重点，如评论网站、积分卡/信用卡公司、市场调查、零售店等，都有庞大的顾客基础，有行动记录和评论的数据，对其进行分析就可得到新的业务领域。

比较有名的例子就是开展积分服务“T 积分”的 Culture Convenience Club（CCC）公司的重组。

T 积分是指 CCC 公司提供的 T 积分卡中积攒的分数，是根据消费情况，不断累积的分数。

现在，T 积分卡可在日本 100 家公司和 6 万家店铺中使用，除了在 CCC 公司运营的租赁软件连锁店或书店（TSUTAYA）应用之外，还可用于加油站“ENEOS”、家庭餐馆“gasuto”、便利店“FamilyMart”等领域。

在以上这些店铺出示 T 积分卡，其使用时间以及购买的商品数据均会被记录，利用这些数据可帮助 CCC 加盟店进行市场化研究。

例如，出现“在加油站或汽车用品店、停车场等场所利用T积分卡购买特定的罐装咖啡的人比较多”的倾向时，加盟店可针对这些用户发行罐装咖啡的打折券，进行市场企划。

除了通用积分卡之外，还有为特殊市场提供的“Ponta”以及乐天公司提供的“R积分卡”等。

还有类似的例子就是交通IC卡。它不仅能够记录各车站的客流量，还可获得在车站附近便利店的购买信息等。人们对它今后在所支持区域市场化的作用拭目以待。

第二种类型多为运营评论网站、购买网站等的事例。

从事从家电到食品等各种商品和服务价格比较业务的网站“价格.com”（kakakukomu株式会社），以模拟数据（计算机进行了一定的处理，记录的没办法实行的数据）为基础，对消费者在进行家电购买比较时将何种商品进行了比较进行分析，向店铺和厂家销售“价格倾向搜查”。

另外，运营化妆品评论网站（@cosme）的istyle株式会社利用“ALCOS”收集与化妆品相关的信息，分析商品的购买倾向和评价，向厂家进行反馈。

API（可从软件中便捷利用内容和数据的接口）形式的销售事例也在增加，其中比较有名的是可即时取得Twitter数据的接口Firehose。

Twitter和相关公司签约，使其可登录Firehose，提供即时检索。

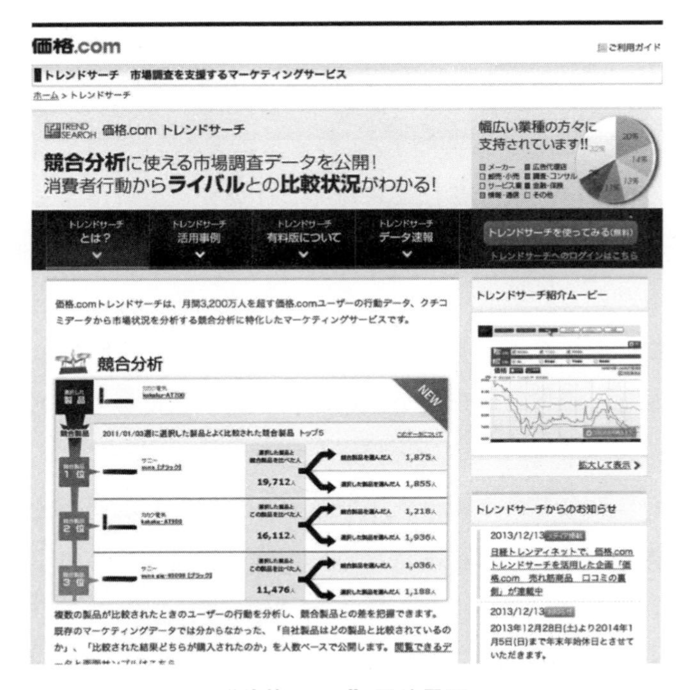

“价格 . com” 网站界面

引自：http://kakaku.com/trendsearch/

2-6 “营业额增长”是大数据活用的第一步

◆ 大数据引导的“营业额增长”事例

以下来看一下“营业额增长”的事例。

本来销售市场领域和数据分析就很合适，很早就有通过 POS 把握销售情况的例子。

“什么商品”“什么时候”“卖了多少”“营业额多少”等信息方便数据化，大企业的市场部已经聘请了分析专家，进行了各种分析。

对网站或一些社交媒体活用的电子市场进行分析，很容易取得粉丝数、关注数、点击数等信息，从中可以看出销售市场中的数据分析需求年年攀升。

另一方面，仅仅由这些数据分析所得出的结论是有限的。如果仅锁定“增加销售额”这个目标，不一定能明确看出社交媒体市场分析或网络广告等措施对实际的营业额有多少贡献。

即使营业额急速增长，也不一定就说全是搞各种活动的结果。有可能竞争商品因某种原因停止销售，也有可能是人气明星在博客上进行过宣传介绍。

因此，不接触外部环境的分析结果容易被认为可信度较低，最终多沦为参考信息。

但是大数据活用可以以多种数据为依据，网罗各种现象，大大增加了数据分析的可信度。

具体来说，如果要增加营业额，活用大数据时就要考虑到前述的三类模型：增加顾客数、增加购买额和“增加购买量和来店频率”。

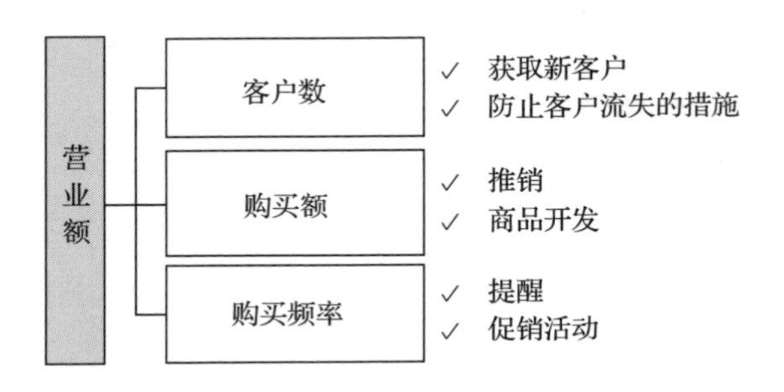

活用大数据提高营业额的措施

例如，要增加购买额，可采取2个措施，即让客户一次购买多个商品或者单纯地提高商品价格。

Amazon采取的措施就属于前者，效果显著；若要提高商品价格，则要开发符合市场需求的高性能商品。

另外，需要注意的是要达成“增加购买额”这个目标，前述三类模型需复杂组合才可实现。

旨在“维持获得客户”，当然需要增加客户来店频率和购买频率，结果就是销售额的上升。活用大数据的措施不同，则方向性就不同，但是各种要素相互复杂组合达成目的才是销售市场领域的精髓。

◆ 大数据引导的优良客户开发和维护

关于优良客户的开发和维护，对于既存的顾客，保持合适的接触才是王道。

具体来说不外乎以下2种：

- 防止优良客户休眠和离开。
- 将休眠客户和一般客户培养成优良客户。

如此，“优良客户开拓和维护”与“增加购买量和来店频率”措施会有一部分重合。

例如，TowerRecord 株式会社通过合适的网络活动，挖掘了休眠客户，维护和开拓了 3 成优良客户。

该公司维护和开拓的 3 成优良客户的购买额占全部销售额的 80%，这正是所谓的“二八定律”。

持续增加优良客户是增加销售额的关键。TowerRecord 株式会社分析了顾客的购买记录，通过分成“单曲”“唱片”“经典”等 9 个部分整理顾客的偏好，再加上购买金额、购买频率、最近购买记录等将客户分成 4 个等级。

以此开展网络活动，2012 年的网上销售额达到了上一年度的 3 倍。

以往优惠券的使用率仅仅在 1% 左右，但通过以大数据活用为基础的活动，优惠券的使用率上升到了 4%，1 年间有 1 次以上购买记录的活跃客户的优惠券使用率达到了 10%。

在分析顾客偏好的基础上，赠送给顾客生日当天使用的生日优惠券，以及赠送给前段时间有过购买记录的顾客的感谢优惠券等，也大大促进与保持了与顾客的接触。

化妆品制造商 FANCL 综合网店和直营店以及电话等渠道

的购买记录，加以活用，其业绩是一年530万左右的网络销售件数和570万直营店销售件数以及将近2.7亿的购买明细。

通过综合分析这些数据，可明确看出每个顾客的商品更换周期，进而可以在最适合的时机发送邮件，旨在顾客回头率的提升以及每位顾客购买金额的增加。

从事DVD租赁和网络视频发送的Netflix公司，通过顾客信息数据分析开展了独特的活动。现在公司的主营业务是网络视频发送，但2011年该公司成立的电影公司已尝试涉足内容制作。

Netflix公司采用的大数据活用措施中备受关注的是信息记录。该公司以DVD租赁起家，所以其以客户过去的观看记录为基础，分析客户偏好的电影类型以及演员，将客户进行分类记录。

例如，A客户租赁的DVD中有《龙胆虎威》《不死劫》（主演均为布鲁斯·威利斯），《搏击俱乐部》《七宗罪》（主演均为布拉德·皮特）等残酷悬疑类型的电影较多，那么像《洛奇》《第一滴血》（主演均为西尔维斯特·史泰龙）等动作电影就会推荐给该客户。另外，也可看出该客户比较喜欢知名度高的一线演员所参演的电影，因此人气爆棚的约翰尼·德普主演的《加勒比海盗》系列也会在推荐名单中。

如此反复，每个顾客喜欢的电影演员等数据会不断积累，逐渐就可以看出何种类型的电影受到大家的喜爱。对于顾客来说，也可以获得从未有过的机会看到这么多自己喜欢的电影。

这些推荐的电影一旦被采纳并得以出借，就会获得租赁收益，逐渐地 Netflix 公司推出了每月费用固定的会员租赁服务。

由于现在提供的流媒体播放是定额制，因此并不能实现交叉销售[㊀]。只是以前积攒的租借记录以及推荐数据记录可以看出多数人喜欢的内容倾向。将此数据活用，可以看出多数人喜欢的影片类型、演员、故事倾向。据此进行创作的内容，肯定会大受欢迎，所以 Netflix 公司开始进行内容制作。

如此诞生的由凯文·史派西主演、大卫·芬奇导演的政治悬疑电视剧《纸牌屋》在美国大热，是第一个获得艾美奖（2013 年）、第 71 届金球奖等各种奖项的网播剧。

获得如此成功，是因为 Netflix 公司通过分析，得知肯定有一大批喜欢凯文·史派西主演、大卫·芬奇导演的政治悬疑剧的客户存在。该电视剧的成功不仅维持了老客户，而且吸引了 60 万名新客户。

换个角度看，这就是一个“将既存商业数据用于新事业开拓”“达成营业额增长”的例子。

◆ 通过大数据增加购买额

有关“增加购买额”的有效措施前边讲到过，不外乎

㊀ 交叉销售：向考虑购买某件商品的顾客推销相关产品，或通过商品组合方式推荐顾客购买打折商品的销售方法。

“推荐”和“商品开发”两种。

“推荐”已成为以 Amazon 为代表的电子商务网站所必备的技能，将它应用到“B2B”（Business to Business）领域并获得成功的是 MonotaRO 株式会社。

MonotaRO 株式会社是面向企业的间接材料供应商，其商品数量从作业工具到厨房用具约有 800 万件，其客户从制造商到服务业、饮食业、建筑业的企业等范围广泛。因为其涉猎商品较多，所以要想增加营业额，需要有向每位客户提示合适商品的机制。实体店铺也是如此，并不是说商品越多就一定会有利，因为商品多，会使客户难以找到想要的商品，有可能造成客户流失。

因此，MonotaRO 株式会社以网上的浏览记录或购买记录、检索关键词等网络活动为基础，将第二次以后登录后的网页个人化，完备了向用户提示浏览过的商品的机制。甚至，每天开展各种活动，通过向购买率高的客户发送短信和传真的方式提高销售额。

除此之外，美国零售公司 Sears 分析了 7500 万名以上顾客的数据，将购买率高的目标层定位为邮寄产品说明书的对象，施行向上行销（推销比之前购买的商品更高一层的商品或服务的销售方法）来增加收益。

◆ 用大数据增加来店频率

即使顾客的单次购买额低，但其来店频率增加也可使营业额增加。

例如，家庭餐馆 GASUTO（SKYLARK 株式会社）将大数据用于菜单的选定和开发，以此增加顾客的来店频率。

GASUTO 与发行 T 积分卡的 Culture Convenience Club 公司合作，提供返还与饮食花费对应的积分服务。活用这些 T 积分卡的数据，进行试吃和回头率分析，将结果用于菜谱的开发。

具体的措施是，将用 T 积分卡消费的顾客分为第一次点的“试吃”和过去吃过的“回头”两个维度。

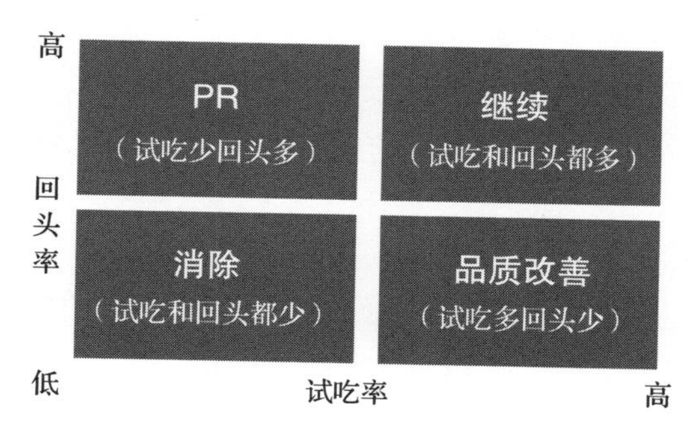

试吃和回头率分析的四象限

以此分割出“试吃和回头都少”“试吃多回头少”“试吃少回头多”“试吃和回头都多”四个象限，确定菜品是继续还是消除以及新菜单的开发。

GASUTO 从这四个象限得知顾客层广泛、回头率高的招牌菜品是奶酪汉堡，于是通过奶酪汉堡打折活动，重新吸引了众多休眠客户。

从这次成果可以把握各年代层的客户喜好的菜品，单价较高的烤肉活动按客户年龄和性别推出，其效果也非常显著。

作为增加来店频率的网络事例之一，有关社交网络游戏客户获得和维护的分析会让人大吃一惊。

社交网络游戏有多少被安装（安装率）以及多少被使用[Daily Active Users（DAU），每天利用人数]等数值是很重要的指标，是KPI（Key Performance Indicator，重要业绩评价指标）之一。即使游戏中没有收取费用也没关系，因为那些支付费用的用户会支撑免费使用的用户。

因此，寻找休眠客户让其回归的活动，对导致客户休眠的游戏赛项进行改善等措施，都可以通过即时数据分析得以实现。

甚至，稍改变一下观点，还有“保持畅销品不断提高营业额”的措施。在这一领域采用特殊机制的有百元商店Seria和便利店Lawson。

总部位于岐阜县的Seria株式会社汇集设计优良的高品质百元商品，在日本共有1000多家店铺，位于百元商品店业界第二。

它及时分析POS数据，把握各店铺的销售业绩，以此为基础，用系统验证1亿假说，再根据分析结果进行商品订购。

分析中会用到名为SPI（Seria Purchase Index，Seria购买指数）的指标，指标中会显示各商品的千人购买率，以此数据来确定商品订购方案。

通过分析商品的销售状况，得知原本被认为是季节性商品的圣诞节聚会用品和压岁钱袋其实全年都有人在买。聚会用品可以用在赏花和欢迎会等人群集中的场合，压岁钱包可在连休假和暑假时给孙子孙女和亲戚的孩子装零钱用。于是Seria株式会社通过保证这些长久销售商品的库存，增加了来店频率，实现了营业额的增长。

Lawson株式会社不仅关注销售量高的产品，它还发现了"来店频率高、顾客喜好的产品"，取得了成功。

Lawson株式会社从2012年6月开始销售含糖量少的小麦麦糠面包。通过分析商品销售状况，得知销售量虽少，但小麦麦糠面包实际上是回头率为50%的人气商品。从Lawson株式会社的积分卡Ponta的消费记录可以看出，再次购买小麦麦糠面包的顾客比一般的顾客来店频率要高。

得知以上结果，Lawson株式会社面向全日本的连锁店推荐小麦麦糠面包，并增加小麦麦糠面包系列的种类，将它摆放在明显的架子上以促进销售。

最终，小麦麦糠面包系列2014年5月的销售额是2013年同期的1.8倍，并且购买顾客的60%以上都是平均3天来店一次，月均购买金额为6500日元的优良顾客。

◆ 数据分析的成果由后续行动决定

看了以上成功事例，大家容易以为"如果分析数据，就可以获得并有效维护优良顾客，实现客户单次购买额和来店频率的提高”。

但是这些都是结果论，大多数情况下一两次分析往往得不到想要的结果。即使有结果，也不一定与销售有直接关系。

接受数据分析结果，确立“这样做是否能卖得更好”的模型，通过具体的措施验证，不断重复才可以达到增加营业额的目标。

2-7 大数据有助于品质提升和降低风险

◆ 活用所有有“动向”的数据

最后我们来看一下大数据有关“降低成本和风险，实现品质提升”的机制。

虽不增加营业额和顾客，但是可以强化企业“价值”“品牌”。削减成本对于利润率增长来说是必不可少的战略。

关于这个领域的大数据活用，要详尽观测“行动”“状况”，需时刻关注员工行动、产品流通、工厂和办公室运转状况以及会给企业带来危机的计划或人的行动等。

在人和物上安装传感器，经由网络收集行动运转数据，通过分析数据筛选出无效的流程，把握资源的使用状况。

又如银行账户网站，可通过登录解析可疑的程序和人为操作，以采取相应的安全对策。

把这些数据看成商业活动相关人物（设备）的运作数据可能更便于理解。积累的数据分为人和物两类，人的话就是员工和顾客的行动模型，设备和系统的话就是运转状况和登录情况等。

例如，建筑机械株式会社小松制作所（KOMATU）利用开发的“KOMTRAX”系统，在全世界运转的由其生产的 30 万台以上的建筑机械上安装传感器，通过通信线路进行远程监控和数据收集。

KOMTRAX 系统的诞生源于当时在日本发生的一起犯罪事件，罪犯用油压铲破坏金融机构的 ATM 机抢走了大量现金。“安装了 GPS，是否就可避免此类事件再发生?”是此系统诞生的契机。

现在除了建筑机械的位置信息和工作时间外，小松还通过传感器掌握燃料的剩余量和消耗品状况等，在合适的时间向顾客提供维护通知。

由此，在防范事故之外，还可提高售后服务品质，增大购买正规零部件的机会，最大限度地满足客户需求，产生利益。

像 KOMTRAX 系统一样，活用传感器数据进行维护的厂家，无论 B2B 还是 B2C（Business to Customer）都有各种各样的运行机制。

农机大公司 Yannma 株式会社也通过监测农机的工作情况

来检测故障征兆，进行维护支援。

◆ 分析商品以及顾客的行动和需求，减少无效的浪费

回转寿司连锁店 AKINDO SUSHIRO 采取的大数据活用措施很受关注。SUSHIRO 详细预测店内顾客的食量，统一协调盘子数量，减少了食材的浪费，提高了顾客的满足度。

其中较为关键的是“即时把握店内顾客状况”。在 SUSHIRO 店内，通过触摸板，将人数以及大人和小孩的构成情况输入到计算机内，安排入座。因知道了什么客户坐在了什么位置，所以可轻易掌握店内什么地方做了多少团体以及人数多少等情况。

通过这种状态，可分析各顾客团体的饮食消费能力，调整店内回转的盘子数量，实现没有浪费的供给。刚到店的客人通常肚子都比较饿，会大量点人气菜单。还可预测坐了一会儿的顾客可能马上就要点饭后甜点了等。

盘子上装有 IC 标签，可管理各商品的什么寿司主料在什么时间段卖了多少等，将这些数据与店内情况相结合，可推测出 1 分钟后或 15 分钟后寿司链会变成何种状态。依此，可提前开始解冻寿司主料等准备工作，不浪费时间。

另外，朝日啤酒株式会社在 2014 年 5 月开始销售的“Asahi Aqua 0”中，旨在最合适化流通和库存量，将出库数据、销售数据、库存数据等定量数据与推特等市场反映的定性

数据相结合，用于生产计划安排。

◆ 以过去的风险数据为基础检测异常运作

最后来看一下“风险管理”。

说到风险管理，不得不说的就是每天都有受到黑客攻击等各种威胁的金融机构，有网络银行攻击者、诈骗和洗钱者，包括现实的和数字的在内的威胁不胜枚举。

东邦银行收集这些风险信息，于 2013 年 4 月构建了检测异常值和改善程序的风险管理系统，从“事务事故管理”“投诉管理”“反社会交易对应”“内外部违法违规监视”等系统中提取风险信息和事务量信息，以防止再次发生类似风险。

通过收集风险管理系统中所有的信息，可筛选出违法违规以及异常模型，当陷入同样的程序时，就会出现警告。

例如网络银行，同一个人连续两次登录失败，通常就不可再登录，同一个账户在其他 IP 地址上再登录，通常会被认为出现“盗号”。

金融机构被瞄准的对象往往都是金钱，但企业的风险管理对象就不仅仅是偷盗和诈骗了。近几年，食品安全的新闻较多，制作过程有的混入了异物或使用了过期的食材，这些都是很大的风险。

为了降低这些风险，检测工厂内设施的运转状况，通过 IC 标签防止购买的材料过期等一系列措施都是非常有效的。

第3章

大数据活用的推进方法

继介绍大数据活用目标之后，本章会对如何推进大数据的活用以及活用大数据的程序进行介绍。

3－1 理解大数据活用的两个企划

◆ “活用计划企划”和“稳定化企划”

接下来我们来进入大数据活用实践。在实际商业活动中大数据活用要按下图所示流程进行。

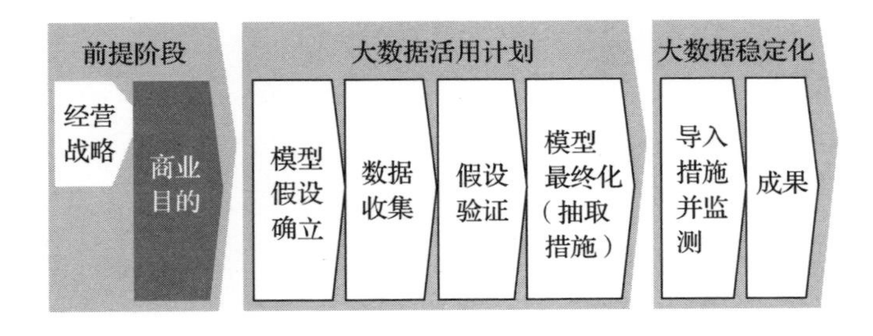

大数据活用流程

以下介绍两个企划，在第 2 章中已经解释过在开展企划之前要明确“商业目标”，这个大前提千万不要忘。

目标明确了就可以开始大数据活用企划了。

大数据活用企划分为以下两大类。

- 大数据活用计划企划。
- 大数据稳定化企划。

“大数据活用计划企划”以数据科学家为中心，是引导数据收集并分析，获得结果达成目的的企划。

“大数据稳定化企划”是以得到的结果启示为基础，在商业活动中施行具体措施创造成果的企划。

◆ 在“大数据活用计划企划”中从数据引导最优解

收集并分析各种数据，用分析方法引导成果的这一系列过程称为“大数据活用计划企划”。一般情况下，大数据分析是在特定领域，以数据科学家和研究小组进行的分析业务为中心的企划。

此企划的范围是从模型假设确立、数据收集、假设验证到模型最终化，目标是抽取在实际商业活动中可引导成果的措施，也就是指明方向。

然而，到此是否能顺利转到“大数据稳定化企划”，能否指明正确的方向很关键。

为了便于理解，在此以饮食店“定食屋 Change”的大数据活用为例进行说明。

定食屋 Change 中汉堡套餐很受欢迎，除此之外还有其他几个米饭套餐可选。因定食屋 Change 所在的地理位置为商业街，所以工作日的销售额比周末要少，它定的目标就是“增加工作日的销售额”。

因此，定食屋 Change 的店主就开始用每天的点菜记录进行大数据分析。

定食屋 Change 很早便开始了“大数据活用计划企划”，确立假设，活用可能取得的数据，进行各种分析的结果显示：“连续两天来吃汉堡套餐的人没有一个会第三天还来。”

这完全是之前没有发现的现象，也就是说“对于连续两天来吃汉堡套餐的客人，如让他们在第三天依旧来吃，那么营业额肯定会增加”，这样“大数据活用计划企划”就算达成目标了。

◆ “大数据稳定化企划”引导最优解产生成果

“大数据活用计划企划”至此阶段已顺利完成，但是实际上现在还没产生任何成果，那是因为还没有实施“让连续两天来吃汉堡套餐的人第三天继续来吃”的措施。

进入措施实施阶段，衡量成果的就是“大数据稳定化企划”。该企划施行的主要是“导入监测”和“成果”两部分。

本例中如果定食屋 Change 不确定如何识别“连续两天来吃汉堡套餐的人”以及如何应对，那么这个措施是无法运行的。

因此，需要提前定义如何识别“连续两天来吃汉堡套餐的人”以及如何让这些对象客户第三天继续来店，如何把握第三天来店的顾客，在收银台如何对待等问题。

施行措施之后取得成果才是此企划的最终目的。

在一线实施具体措施时，有可能需要制定新的工作内容，确认这些工作是否正常运转，有时可能还需要导入系统。

该企划实施措施的中心不是以数据科学家为中心的研究小组，而是靠近一线的业务人员和企业顾问。

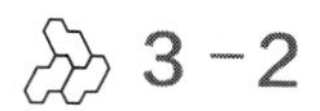

3-2 大数据活用计划企划的步骤

在此就“大数据活用计划企划”进行更为详细的介绍。

“大数据活用计划企划”分为“确立模型假设”“收集数据”“验证假设”“模型最终化”四个步骤。

可按照上述四个步骤来开展工作，但是实际上，这些步骤有可能反复进行。

有过普通 IT 系统导入经验的人可能会想到导入流程，先根据商业活动的目标确定业务要点和技术要点，再投入开发研究。但是，“大数据活用计划企划”很少按照上述过程顺利进行，它是不断发现错误并进行改正的循环过程。

比如说“将这个数据以什么分析方法分析可能得到什么发现”，但实际分析的结果往往看不出什么倾向。有时假设错误，有时用于分析的数据不合适，还有时分析方法不恰当，这些事情都常有发生。

接下来我们来逐一看一下“大数据活用计划企划”的4个步骤。

◆ 确立模型假设

“确立模型假设”就是为了达成商业活动目标而设立的需改善的课题假设。

仍然以定食屋 Change 为例，店长有明确的目标要“增加营业额”。如果单纯地提高营业额，就需要打广告或进行促销活动。但是这次店长想通过大数据分析实现营业额增长。

“确立模型假设”可以说是面对营业额增长这一目标，要考虑对哪些要素进行分析的步骤。

“假设”一词经常被使用，简单来说就是“会不会是这样”的一种感觉、迹象或是想法。此处的假设就是“改变什么指标值会促使营业额增长”。

营业额由“顾客数×顾客单次购买额×来店频率”决定。其选项就是增加顾客数或是增加顾客单次购买额，又或是增加来店频率。

再深入考虑，如果要增加顾客数，是需要增加新客户还是需要复活休眠客户，分析对象不同，分析的数据和方法就会不同。

以定食屋 Change 为例，店长考虑："如果提高老客户的来店频率是否会使营业额增加?"这就是模型假设。假设会在后面进行验证，因此不需要花费太长时间确立。最后，先整理一下"确立模型假设"的两个要点。

〈要　点〉

- 面对商业活动的目的，确立正确的假设方向。
- 因只是假设，不需要花费太多时间。

◆ 收集数据

假设确立完之后就是收集数据。

数据大致可分为三类。

（1）公司内部的数据。

（2）虽没有所有权但知道出自何处和如何获得的数据。

（3）不被人知道的数据。

第一种数据是公司内部系统等管理的数据库，包含已经购买的在使用的数据。

第二种数据是业界数据、市场调查数据等外部调查机构提供的数据。此类数据公司内部虽然没有，但通过洽谈可以得到。

第三种数据是其存在根本不被人知道而无法利用的数据。但是，时常想着“如果有这样的数据可能会有更有趣的分析”很重要。其原因是自己不知道，但有可能买得到这样的数据。事先预测什么数据可能会被提供或获得，未雨绸缪很重要。平时要多调查以获知更多的存在的数据。

在进行数据分析时，大多数人选择从手边就有的第一种数据开始。但只有第一种数据并不能称为大数据分析，它跟以往的数据分析没有什么两样。可能这种程度的分析，要求不高的人也就到此为止了。

因此，为了活用大数据的“Variety”（多样性），要考虑将第二种和第三种组合进行分析。这是“数据收集”过程。

相反，一味看重数据的“Variety”，胡乱地收集数据也是不可以的。一定要铭记理解数据意义并沿着假设进行数据收集的重要性。

我经常能听到这样的事：“积攒了大量数据，但究竟都有哪些数据却没有进行确认。”实际进行分析时，混入的完全没有意义的数据只会增加分析的负担，浪费时间，完全没有意义。要先确认是否是与假设相关的数据，再进行数据添加。

另外，“数据的取得不要花费太多成本”也很重要，但也不能太低，要花费与分析相应的成本。

数据量过大，通信费用也会增长。例如，传感器可以以不到1秒的时间间隔获取数据。可是，如此短时间内取得的数据真的是必备的吗？一定要参照假设选取、积累和分析适量的数据。

定食屋 Change 的模型假设是“增加老客户的来店频率有可能促进营业额增长”。那么如何确定这些老客户就显得很重要。

比较遗憾的是，该定食屋并没有导入一般 POS 机，以现有的数据无法辨别“谁是老客户”，因此要讨论新的数据收集。

要想得到客户新信息，首先考虑到的是与最近很流行的外部积分卡的提供商合作收集信息。于是，定食屋 Change 马上与积分卡提供商进行了商谈，但是费用和效果并不成正比，所以最终还是选择了放弃，考虑其他方法。

该定食屋注意到“只要知道了谁是老客户就可以了”，那么纸制的积分卡也许就足够了。于是，他们开始向老客户发送附带日历的积分卡，来店的时候请顾客出示，在积分卡当日栏进行盖章。

同时，POS 机收银也用盖章的方式进行管理，“老客户”“新客户/休眠客户”的差异就显而易见了。店长马上导入了纸制积分卡实验，开始收集客户来店点餐的数据。

最后总结一下“收集数据”的要点。

〈要　点〉

- 用于分析的数据不限于公司内部的既存数据，要时刻记住需综合各种数据进行分析。

- 理解数据意义，结合假设获取必要的数据。
- 获取外部数据的成本不要过大。

◆ 验证假设

通过分析收集起来的数据，确认是否获得了有价值的发现，这一过程叫作“验证假设”。验证假设是“大数据活用计划企划”中最重要的环节，如果得出的结果与目标不一致，则有可能要从头开始。

“验证假设”过程中的要点有3个：

- 改变数据分析的切入点和处理方法，验证会变得简单。
- 不要放过细节。
- 正确理解数据展示的意义。

1. 改变数据分析的切入点和处理方法，验证会变得简单

第一，改变数据分析的切入点和处理方法，验证会变得简单。不要拘泥于一种方法和数据种类，以发散、灵活的视角去看待数据。

例如，对“改变数据分析的切入点和处理方法”来说，有“向下钻研”“向上钻研”“钻通”等方法。

“向下钻研”是深度挖掘数据将数据细节化的方法。“向上钻研”是综合详细的数据进行一般化的方法。“钻通”是指将各个内容逐个分析进行个别化的方法。

另外，还有改变数据分析切入点的“切丁”方法。

灵活应用这些方法进行假设验证。

以定食屋 Change 为例，假设的验证从“应如何定义回头客户”开始。

纸制积分卡运行已过 3 个月，积累了一定数量的数据，店长亲自开始进行数据分析。

当时，“回头客户”被定义为连日来店的客户，但是连日来店的客户非常少，如此下去分析难以进行。实际上常常光顾的老客户也是很少有连日来店的，所以他们改变了统计数据的方法。

店长和店员讨论的结果是将下一周也来光顾的客户，即将“每周都来光顾的客户”定义为“回头客户”。

如此，可看出一定程度的客户回头率，但是有一部分和现实中店员感受到的不太一样。

为保险起见，和收银台的员工进行了确认，发现：“常客中有些外资企业的员工有时 1 周来 2 次，有时因长期出差无法来店。”

因此，又将“回头客户”的定义由“每周都来光顾的客户”改为“来店后一周内再次来店的客户”，也就是“一周内有 2 次以上来店的客户”。

以此定义再进行分析，得出的结果与一线员工的感觉大致一致，并且回头客户的营业额占了全部营业额的 60%。

从分析得知，逐渐增加回头客户，再促进其再次来店的方法基本上是有效的。

综上可见，数据的分析方法和切入点不同，其结果也大有不同。最初不要定死，而是通过不断反复实验，寻找更能反映现状的展示方法以及适合分析的切入点。

2. 不要放过细节

第二，不要放过细节。在大数据活用中，由于掌握了大量数据，不仅可以看出大趋势，还可以看到细节，因此，不放过细节也很重要。

例如，定食屋 Change 以回头客户数据为中心进行了分析。通过看细节信息发现，在数据获取期间，某一天的新客户稍有增加。除此之外，其余数据都有相同的倾向。

面对数据的异常值，敏感捕捉“为什么会产生这样的数据?”并经常保持疑问是顺利通向下一步的保证。

因此，就这个异常值再进行详细的挖掘分析发现，这天午饭时间有特大暴雨，因定食屋 Change 在拱廊街内，从站台穿过地下通道就可进入到拱廊街内而避免被雨淋湿，定食屋 Change 的地理优势造就了异常值。

还有因为下雨，移动盒饭售卖商没有出摊，平日购买盒饭的顾客当天也选择了定食屋 Change 就餐。

从此事得出了新结论，那就是“也可考虑充分利用雨天客户容易增多的倾向来制定营销策略”。这仅仅是从大数据分析的副产物所得出的启示，因此不放过数据细节也许会有新发现。

3. 正确理解数据展示的意义

第三，正确理解数据展示的意义。与前两个要点相比，这个要点可能难以理解一些。该要点主要强调的是不要一味只重视数据展示的倾向，而错过其背后隐藏的“真正含义”。

例如，为了进一步提升定食屋 Change 的“汉堡套餐”的人气，免费发放装有汉堡套餐传单的餐巾纸，其宣传结果就是有更多的客户来店。

在实际的分析中发现“汉堡套餐”的下单量确实增加了，再将既存客户与新客户进行比较，发现新客户比既存客户要多。

但是，在员工和常客的交谈中发现，一半以上的新客户都是老客户带来的。也就是说实际上有可能发放传单根本没有什么效果。

当数据显示的结果和目标策略期待的结果一致时，容易搞混其意义，需要进一步验证来获取数据展示的真正含义。

让我们再来总结一下“验证假设”的三个要点。

〈要　点〉

- 改变数据分析的切入点和处理方法，从多角度验证。
- 确认数据细节，关注异常值以及意外值。
- 正确理解数据真正的意义，跟一线人员确认。

◆ 模型最终化

“大数据活用计划企划”最后的步骤是“模型最终化”，即面向商业活动的目标或目的，强化“数据活用模型”。

包含数据的收集方法在内，要从是否是切实可行的模型、能否获得与费用相匹配的效果、是否保护了个人隐私等多方面探讨，最后确定数据活用模型。

此时如在可行性、费用匹配效果、个人隐私中的任何一个方面有问题，企划就会回归原点。

模型最终化给人以“微调整”的感觉，但实际上是判断“是真的可使用的模型吗?”“实际反映了商业活动吗?”的重要步骤。这个判断并不是由分析者进行，而是与一线责任人一起协作进行。

再次看一下定食屋 Change 的例子。依据假设确定了要举行“感谢老客户的回馈活动”。

在模型最终化中，一线员工提出了“由于积分卡是按月发行，无法进行跨越管理”“周一来店，下周一是休息日时，周二来店是否适用回馈感谢活动”等问题需要进一步讨论。

当然，如果导入 IT 系统，事先确定这些规则，是可以简单判定的。但考虑到费用，IT 系统导入暂时被搁浅了。

结果，店长和店员商定“跨月的回头客户暂不算数”“考虑到中间夹有休息日，第二天可适用感谢活动”。之后便开展了感谢回馈活动，结果老客户的再次购买促进了营业额的增加。

最后回顾一下“模型最终化”的三个要点。

〈要　点〉

- 数据获得和收集所花费的时间、实际上是否可行等问题需要一线负责人参与讨论。
- 讨论费用和效果比。
- 讨论包含个人隐私在内的大数据活用环境，考虑切实可行的运行方法。

3-3 大数据稳定化企划的步骤

◆ 引导大数据得到最终成果的两个步骤

模型一旦固定，就进入了“大数据稳定化企划”。此企划只包含“导入措施并监测”“成果”两个步骤。

由于该企划主要是施行具体措施、衡量效果，所以它的重点不在于分析，而是着眼于将分析结果用于制定具体措施。

并不是分析之后就结束了，也不是施行了措施之后就结束了，而是应该继续活用模型。持续验证，长时间得出效果才是真正意义上的大数据活用。

数据根据外部环境变化而变化，有时必须改变模型。在长期施行大数据稳定化企划过程中，灵活改变模型，进行实际应用非常重要。

◆ 导入措施并监测

“导入措施并监测”是指在一线验证分析模型程序。它与大数据活用计划企划中“模型最终化”有重合部分，一线视角的“模型最终化”如果顺利施行，“导入措施并检测”程序也会顺利进行。

可是若不实际导入，则会有很多注意不到的事情，有时也会产生反效果。

“大数据活用计划企划”即使建立了模型，有时也会出现“导入了只重视全方位机能的分析工具”等不长久的模型。

因模型已到最终阶段，在这一阶段只需考虑如何实际运用模型即可。

为了方便研究最初目的之外的课题，经常会有“应导入全方位分析工具”。“全方位分析工具”功能全面，但是操作复杂，一线人员很难掌握。

其结果可能导致一线人员直接导入独自开发且使用简便的系统。

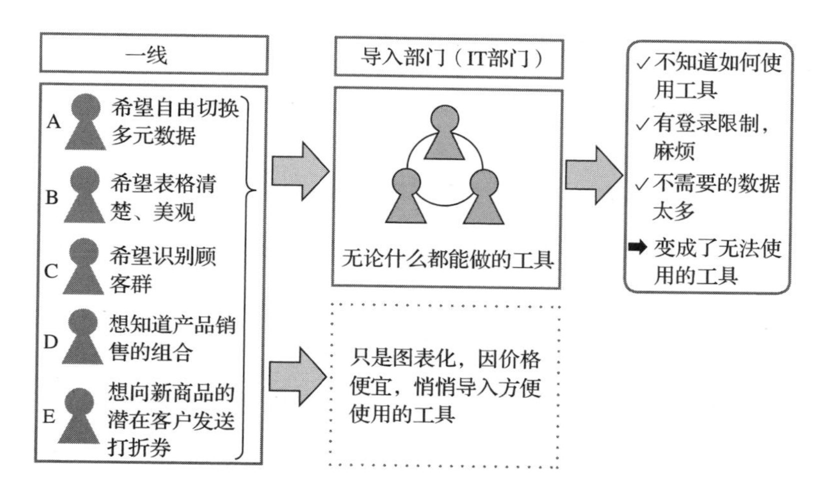

大数据导入时易产生的问题

以定食屋 Change 为例，从开始使用积分卡之后，“积分卡使用麻烦，不愿使用”“因忘记带积分卡，希望上次和本次一起累计积分，但无从考核”等问题不断出现。

然而由于“感谢老客户的回馈活动”，多数员工都感觉到成功维持了老客户，回头客不断增加，所以这些问题都分别对待，还继续保持现状。

以下筛选出了“导入措施并检测”的两个要点。

〈要　点〉

- 不应从“全方位分析工具”出发，而应从一线人员操作视角选定实施工具。
- 措施的实施不是一次性的，要在一线人员具体实施过程中不断完善模型。

◆ 成果

这是评价施行措施的步骤。如果成果顺利取得，当然算成功，但是有时会出现“分析结果虽好，但没有得到预期效果”的问题。

虽然所得结果不像预期的那样，但换个角度看，也有可能是成果之一，如果能为下次假设的确立提供提示，说不定也会有大的收获。

如果经过严谨、大量的数据分析和调查，最终开发出了面向年轻女性的商品，但是却出现了价格过高而包装却看似廉价，导致用户评价低等结果，也不能说取得了成功。

只是在各种数据收集过程中，掌握了失败的原因，便有可能会引导下次成功。

还是以定食屋 Change 为例，以分析模型为基础导入了积分卡，老客户的来店次数和新客户的回头率都有所增加，营业额升高了约 15% 。

但是这也不能说是全面成功，只看数据无法看到顾客吃了什么，积分卡使十分麻烦等问题依然等待解决。

为了减少积分卡使用的麻烦，该定食屋导入了限定一周使用的折扣券以继续施行“感谢老客户的回馈活动”，错误和试行交叉进行。

即使出现好结果，也不要满足于已有成果，应寻找可改善点，再运行新政策。

〈要　点〉

- 验证成功要因、失败要因，不断改善。

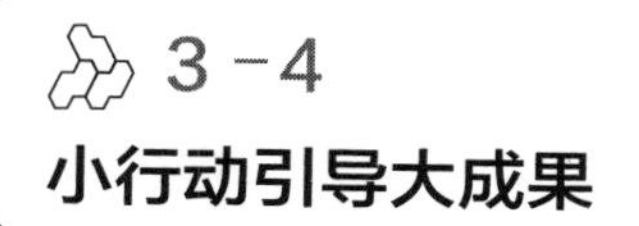

3-4 小行动引导大成果

◆ 要小要快，找到适合自己的工具

前文介绍了大数据活用的各个步骤，通看全部步骤，需要注意的要点是“小行动”“快反应”。不要一下子投入过量的资金，应以“小”和“快”为起点逐步开展。

对于初学者，简单尝试“可以做什么”之后，可选择适合自己的、个性化的工具。相反，一开始就准备了高难度或高价格的工具，往往无法顺利掌握，最终造成浪费。

另外，即使分析结果非常符合预期，也不一定会有成果。成果受到以分析结果为依据的措施和行动的影响。

最初确立全面计划虽好，但是大数据活用的成果是失败和试行不断重复的结果。

最初就制订出精度高的计划很难，应从符合企划性质的小行动开始，否则有可能会在分析阶段花费过多的预算，导致后期的施行阶段财务跟不上。

最近，大多数大数据分析工具（解决方案）都提供1个月左右的免费试用期，只要用户登录，就会接收到自动推送的大量可使用的工具。

这样的使用方法我们称之为PoC（Proof of Concept），即“概念实证”，言外之意就是“将想法付诸简单的实践以验证想法是否可行”。利用PoC找到适合自己的工具。

在选定处理大数据的基础架构时，以往的服务器容量是需要考虑的因素之一。像Hadoop这样的大规模分散处理基础架构，当数据大量超出预想，服务器容量不够时，可增加服务器个数来提高整体的处理能力。

因为横向扩展，不需要向更大处理能力的服务器转移，所以利用现行的环境就可轻松简单地解决数据量的问题。

另外，云环境初期不需要花费大量资金，根据使用量计费，可从小资金开始。各种尝试之后选择优良产品，要以这种心态开展大数据活用工作。

第 4 章

引导大数据活用成功的八个要点

通过活用大数据获得实际成果的企业事例在不断增加。本章就促成大数据活用成功的八个要点进行说明。

4-1 大数据是工具，不是目的

◆ 大数据导入咨询中经常听到的声音

本书中我最想告诉读者的是“大数据是工具，不是目的”。大数据活用的第一步就是“确定目标”。

之前一直传言，只要早期开展大数据活用就会比其他没有开展大数据活用的企业处于有利位置。最近，“大数据”一词不绝于耳，众多企业开始着手于大数据活用。很多企业的态度都由“早点开展大数据活用”发展到“如不开展大数据活用就会被淘汰”的阶段。

因此，有很多企业或个人来找我咨询。然而，咨询的内容和以前并没有太大变化，“想利用大数据做点什么”，“先找个事例再讨论”等，没有明确目的地进行咨询仍然占多数。

我因为演讲、研讨会或研修的经验多，所以可以介绍同行业其他公司的导入事例或最前端的活用事例，但是一旦讲到这些事例，“我们公司和 ×× 公司不一样……”“没有如此的预算……”等，咨询者就开始讨论和其他公司的区别。

在大数据成为热点初期，我一直有个疑问，就是：“为什么企业的组织机制一直无法取得进展？”经过开展大数据活用咨询和数据科学家研修之后，我得出了结论：大数据活用本身成了目的。

将大数据活用作为目的的企业即使导入了分析系统，处理数据的机制很完善，但是仍然有很多待解决的问题，如“分析工作无法在一线稳定进行，一直延后”“一部分有技术的人或有兴趣的人只是表面接触分析工具”“虽得出分析结果，但只是纸上谈兵，无法制定具体措施”。

当上级领导问起“对大数据的投资有什么效果吗?”时，也只能回答：“顺利地导入了大数据机制。”

◆ 从目的角度出发考虑 IoT 活用

关于“目的”，让我们以制造业和大数据的动向为基础考虑。在制造业中最近 IoT（Internet of Things，物联网）很受关注。

在 IoT 活用方面，美国的通用电气公司（General Electric Company，以下简称 GE）开展的工业互联网和德国开展的工业 4.0 最有名。这两个工程的目的天差地别。

GE 开展的工业互联网主要用于喷气式发动机等本公司产品之后的维护、故障预警以及使用合理化等，也就是说是以提高售后服务为目的的大数据活用。

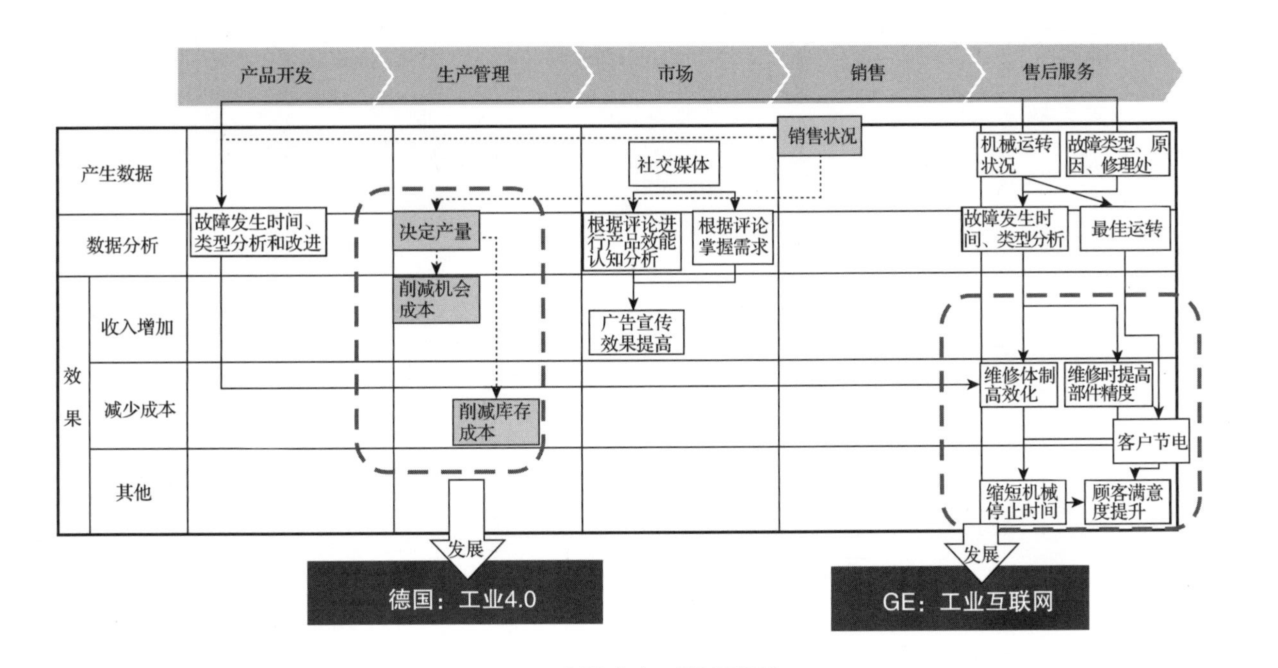

制造业中IoF活用类型

引自：《ICT领域革新对日本经济社会系统的冲击相关调查研究》
http://www.soumu.go.jp/johotsusintokei/linkdata/h25_04_houkoku.pdf

德国的工业4.0是以生产适合制造过程远程化、自动化且符合个别需求产品为目的的活动。从多品种、少量生产到迎合个别需求生产，在被称为“大量定制化”的生产线中，这是以人力费用高效化、制造业回归以及保留知识技术为目的的大数据活用实例。

通过以上两个例子可以看出，即使是同行业，但由于目的和课题不一样，IoT的活用方法也会随之变化。

今后在公司内部讨论大数据活用时，先例及综合调查很重要，但先明确目标再导入系统推进则是重中之重。

〈要　点〉

- 大数据活用只是工具。
- 明确目的后再开展大数据活用，当目的有多个时，按优先顺序有重点地进行筛选。
- 不要在事例收集阶段花费过多时间。目的确定后，先尝试一下看看效果。

深层次讲解

大数据、IoT和工业4.0

◆ 物品和网络结合的社会

和大数据热潮并行受到人们关注的还有IoT。IoT和大数据是最新IT（信息技术）领域的关键词，都有着各自和IT最为密切的关系。

IoT 即“物联网”，英文全称为 Internet of Things。

IoT 进一步讲就是“物品通过网络协定（网络语言）与网络相连”的状态。

也就是指“被限定为信息终端的机器或企业、操纵所谓顾客机器的人等所有事物都与网络相连，并且自己发射信号和接收信号”的状态。

所有物品均能接收、发射信息，人们可以把握所有的物品在何处并处于何种状态，这意味着以后将可以远程操作物品使其处于人们期望的状态。

2014 年 5 月 1 日，美国白宫公布了有关大数据的报告书《大数据：抓住机遇、保存价值》（*BIG DATA*：*SEIZING OPPORTUNITIES*，*PRESERVING VALUES*）。

此报告书针对美国在国家规模下抓住大数据价值及机会的同时，对保存价值产生的风险提出了建议。

其中，使得数据量增大的原动力之一就是 IoT 得以广泛使用。“通过有线或无线连接的传感器，物物之间即可互相接收和发送数据信息，因此将传感器安装在恒温器、汽车、内服药等中，即可通过网络可发送、编辑分析数据。”

还有一种说法，到 2020 年，会有 500 亿个 IoT 物品充斥在世界各个角落，数量将超过全人类的人口数，每天都会产生庞大的数据。

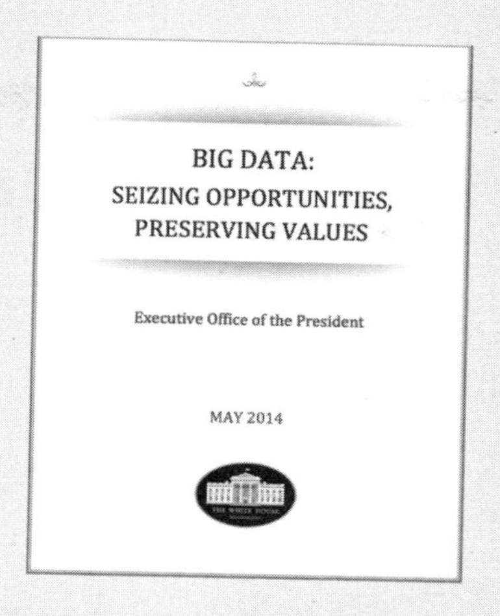

美国白宫公布的有关大数据的报告书

引自：美国白宫主页

https: www. whitehouse. gov/sites/default/files/docs/big_privacy_report_may_1_2014. pdf

◆ IoT与大数据

前面介绍了何为IoT，下面来考虑一下IoT与大数据的关系。

正如前面美国大数据相关报告书中介绍的一样，Iot是世间所有的物品都与网络连接之后，可发送并编辑分析数据的机能。

如果只是很多物品可以通信，那还没达到大数据的范畴。数据频繁地发送并不断积累加工，进而产生价值，这才是IoT和大数据相关联的关键所在。

前面介绍的KOMATU KOMTRAX不仅是大数据活用的例子，还是IoT的例子，因为通过IoT取得可反映建筑机械状况的数据，进行分析便可产生价值。

另外，如果站在大数据的角度看，活用像IoT这样的传感器数据，安装传感器的人或物的真实行动就会显得尤为重要。

以往的大数据活用中，都以基干系统的信息或SNS（社交网络服务）等人为信息为主要分析对象，而传感器产生的数据是一种非常有吸引力的资产，如果对其进行有效运用，便可能会产生更有意义的启示，引导更新的附加价值。因此，人们对它寄予了厚望。

◆ IoT的4大机能

IoT拥有的4大机能可分为“基本机能”和“应用机能”两大类。

基本机能有“知道物品状态/可视化”和“远程操作”两种。应用机能有“发现预兆”和“物品自动化/自律化”两种。特别是在应用机能中，大数据不可或缺。

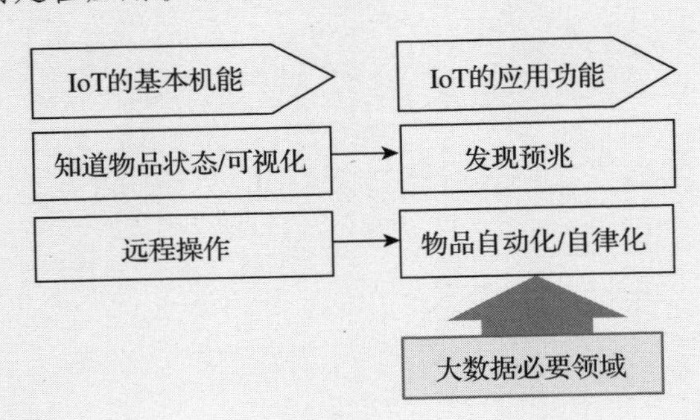

IoT的4大机能

首先来看一下基本机能。基本机能中的“知道物品状态/可视化”是IoT中传感器的机能。

检测物品运作状态的加速度传感器、检测物品倾斜状态的陀螺仪传感器，以及温度、湿度、重力等各种传感器，使得人或物的状态非常明确。

例如，智能手机中安装的显示用户活动量的 APP 就利用了其内部安装的加速度传感器计算得出的数据。另外，除了传感器，还有检测照相机、GPS 位置等信息的机能。

接下来看“远程操作”机能。这是指数据无线通信机能。想要回家之后，立刻洗澡，用手机远程操作热水器就是 IoT 应用实例之一。另外，车站或商家将商品打折券发送到手机上的机能也是进行无线远程操作的一种。

Philips 公司开发的 LED 灯 Hue 也是 IoT 应用实例之一。Hue 是 IoT 相关产品，可以通过手机控制室内 LED 灯的开关和色调。

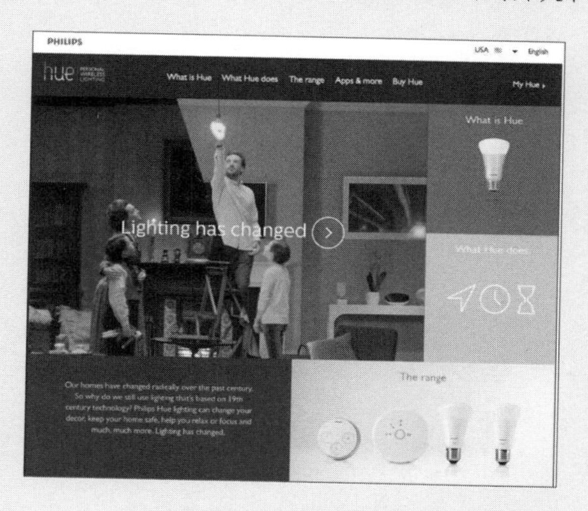

Philips 公司 Hue 的主页

引自：Http://www2. meethue. com/en－US/

下面是应用机能中的“发现预兆”。它是“知道物品状态/可视化”机能的延伸。

时常把握物品状态，并通过积累的数据分析其过去的运转状况或异常发生状况，可预测其可能产生的故障或劣化状况。例如，复印机或空调，对其运转状况通过 IoT 进行定时掌握，通过分析数据便可预测并告知需何时进行维修检测。

最后是应用机能中的“物品自动化/自律化”机能。它是基本机能中“远程操作”的延伸。基本机能中的“远程操作”是人为操作主体，“物品自动化/自律化”是指物品之间共有相互状态的数据，计算即时数据，相互自动调整最佳配置或运转状态。

数台无人驾驶的汽车排一列行驶过程中可自动制动就是很好的例子，头车感知危险后紧急制动，后续车感知与前面车的距离并自动制动，可实现无事故停车。

◆ 工业互联网和工业 4.0

IoT 和大数据融合具体如何在商业中运用呢？在此以前面介绍的 2 个制造业中 IoT 活用的例子——工业互联网和工业 4.0 为例进行学习。

美国 GE 公司开展的活用 IoT 新型制造业服务模型就是工业互联网，也就是“产业网络化”。

比较有名的例子就是 GE 公司在其研发制造的飞机发动机上安装传感器，通过传感器不仅可即时掌握发动机的运转状况，还可以利用运转数据规划维护周期，甚至可根据飞机的运转状况和飞行计划计算出最佳配备方案。

及时维护不仅可以提高顾客的满意度，让顾客能够很好地把握商品替换时间，而且可适时实施最佳的销售策略，从而维护销售后的收益。另外，正确掌握飞机发动机的维护或零部件更换时间，也可使制造部门的库存量保持在最佳范围内，从而提高生产效率。

在工业互联网中，GE公司利用的IoT机能是前述应用机能中的“发现预兆”。实际上，要发现预兆，解析数据的人才非常必要。现在，GE公司取得的大量数据就由硅谷的科学家队伍进行分析。

从GE公司的数据活用实例可以看出，它已经超出了制造业的框架，称其为“信息服务产业”可能更为合适。

德国开展的IoT活用——工业4.0，又称为“第4次产业革命”。

德国由于近年偏重海外生产，导致国内产业空洞化，技术外流，甚至可能发生海外开发价格高涨等问题，面临各种风险，德国需要采取应对措施。

最近伴随着顾客需求的多样化，超越多品种少量生产的用户化定制生产需求高涨。应市场需求，德国需要让工厂回归国内，打造智能化工厂，以实现用户化生产。

在智能工厂构想中，制造工程花费大，控制人工成本是关键。因此，可远程操作的无人制造工厂受到了关注。

具体来说，就是工厂的FA（Factory Automation，工厂自动化）机器自动调整运行，旨在实现无人化。要实现上述目标，需要用到前述应用机能中的“物品自动化/自律化”。这些活用不仅在德国，在拥有同样问题的日本也受到了强烈关注。

◆ IoT 的普及面临的四个课题

IoT 的未来有无限的可能性，实际的活用及普及不得不克服至少四个课题。

那就是“数据分析者不足课题”“技术范围广课题”“电力供给相关课题”“人为失误相关课题”。

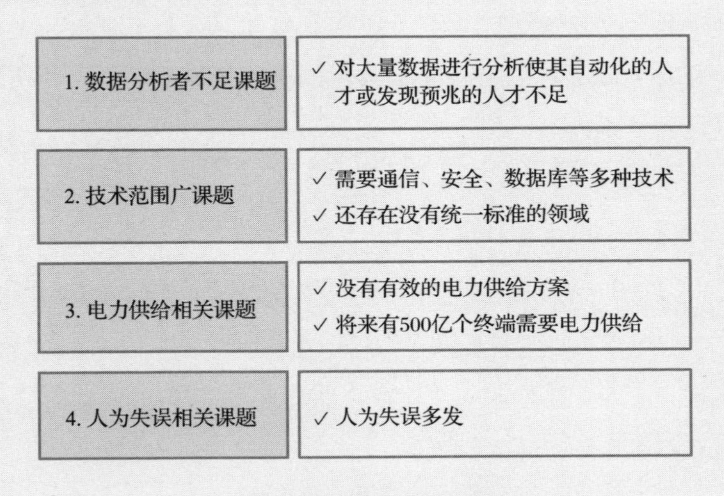

IoT 普及面临的四个课题

第一，“数据分析者不足课题”是指分析 IoT 产生的大量数据使其自动化或发现预兆等的技术人才不足。

这是因为市场中数据科学家之类的人才价格高昂，轻易聘用不起，另外培育数据人才的时间成本太大。

因此，解决问题的关键在于不聘请价格高昂的数据科学家，而是有效利用外部人才。在美国有个叫 Kaggle 的网站，很多优秀的数据科学家聚集在此，有偿地进行数据分析。

在日本，为了能在必要的时候找到可分析数据的人才，平台（包括研究机构和大学）机能在不断完善。人才不足的课题在短期内可通过有效运用外部人才来解决。

Kaggle 网站主页

引自：https://www.kaggle.com/

第二，“技术范围广课题”。在实际运行 IoT 的过程中，从 APP 到数据通信、服务器、网络、安全、数据中心等多种技术是必需的。然而，具有如此广范围知识的技术人才、全能工程师，与在第一个课题中讨论的一样，聘用是非常困难的。

解决此课题，活用外部人才是方案之一。除此之外，利用不十分了解技术的人也可以使用的平台也是方案之一，这些平台被称为 IoT 平台或 BaaS（Backend as a Service，后端即服务)。将软件以外的全领域构筑托付给服务，只要将软件部分开发出来，用户就可使用。

当然，本来需要完全掌握技术才可以，但是并不是说没有技术就不能开展，可根据具体做法来不断完善可利用的环境。

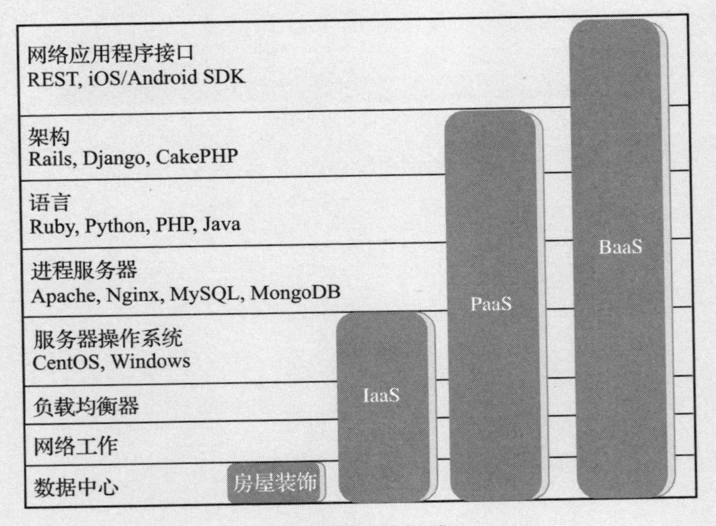

BaaS 覆盖的领域

引自：《大数据杂志》 https://bdm.change-jp.com/?p=2694

第三，“电力供给相关课题”。IoT 进行中远程操作和发送数据需要电力供给。

然而，无线数据通信的距离越长消耗的电力就越大。电力如何供给通信设备，现在还是个待解决的大课题。不论怎么利用节电功能，电能早晚都会消耗完，因此充电是必需的。

预言说，到 2020 年，IoT 终端会多达 500 亿。那么这将会需要多少电，以及如何生产这些电？这就成了大课题。

对于此课题，省电技术、无线充电技术、IoT发电技术等还都在试验阶段，各种研究还在进行中。当这些技术可以解决电力供给的难题时，IoT的运用就会加速发展。

第四，“人为失误相关课题”。实际上这可以说是最难的课题之一。高性能的设备由于本身构造复杂，人为的些许失误就会导致其无法正常运作。

例如，具有自动制动功能的汽车发生的事故，多半是由于人为地忘记设定自动制动装置而造成的。

这些人为失误在现阶段还难以避免。在将来，通过大数据分析，设备本身就会设定的高人工智能社会可能会到来。但是，全部都交给设备自身处理，从安全方面考虑，又很难让人放心。找到最终解决方案可能还需要一段时间。

IoT还只是在发展过程中，有许多待解决的课题，但它正在逐渐渗透进我们的社会。从IoT带给我们的庞大数据这个角度看，大数据分析显得尤为重要。

4-2 意愿会引导数据产生启示

◆ 对偏重分析的异样感觉

大数据研讨会的演讲结束后，一名听众这样跟我说：“我要赶紧试着学习数据分析方法。”我一方面觉得数据分析的意义得以传播是件好事，但另一方面又感觉多少有点异样。

如果不分析数据，仅罗列数据，即使得出了什么启示，因其结论难以再现，也只不过是偶然的产物。因此，学习数据分析方法，引导启示很重要。

那么，我为什么会觉得异样呢？这源于在横须贺市和经营观光旅游业务的 Triangle 公司共同开发“活用公开数据解析 Ideathon”时得出的经验。

参加活动的大多数人都希望以此炒热横须贺市，但是与会的人员基本上都是第一次接触 BI（Business Intelligence，商业智能）工具（一种数据分析工具），很少有人做过数据分析。

因此，在解说了 BI 工具的操作方法和对已准备的数据进行基本解读之后，我让大家各自进行了研究分析，得出的分析结果都很好，远远地超出了我的预想。

虽然分析之中多少有幼稚的地方，但是“想让横须贺市变得更好”的“意愿”引导了假设和分析。

前面所说的对那位听众的异样感觉正是如此。大数据活用中学习数据分析方法虽然重要，但是如果没有引导假设的“意愿”，是不会得到期望的分析结果的。因此，我一般会向听众传达：“考虑分析目的和假设与学习数据分析方法一样重要，期望大家花一些时间来考虑数据分析的目的和假设。”

◆ 为什么“意愿”很重要

那么，为什么“意愿”很重要呢？为了回答此问题，我要介绍一个分析实例。那是在我们公司分析某饮食连锁店 POS（Point of Sale，销售终端）数据时的事。

POS 数据中会有多个专栏（展示列/数据种类），根据其“专栏选择或切入点”的不同，得出的结果就会不同。

将数据分析的目的定为制定扩大饮食连锁店营业额的政策。我们将“在哪个切入口进行怎样的分析”这一任务交给了一个年轻成员。过后，确认分析状况时，这位年轻人说：“现阶段只引导出了一个结论，那就是增加店铺数量。”他又接着解释道：“店铺数量和营业额有着非常强的相关性。”

面对这个启示，可能会有读者立刻注意到，“店铺数量增加营业额就会增加”这个结论不用分析就可得到，是大家都知道的“明确事实”。对于广告主——饮食连锁店来说这也是心知肚明的事，所以这是个“不能制定措施的”发现（只是，在直接告诉他上述结果之前，他只会认为这是“通过数据分析得出的新启示”）。

对于上述结果产生的原因，当然跟他自身的分析技巧以及经验有关，但是我认为最重要的是对分析的“意愿不足”。如果将数据只看成数据，而对广告主或一线业务没有任何意愿地进行分析，有时就不会注意到得出的结论是不用分析大家就会知道的结论。

大多数人可能会认为这件事只是最初级的失误。然而实际上，即使不是初学者，如果对广告主或一线业务没那么精通，也会发生上述事情。

例如，某制造业的数据分析案例也有相似的情况。

某工厂将取得的生产线数据和产品不良率的相关性分析委托给卖方调查，结果报告显示："可预测出现不良产品的错误模式。"

详细询问后，其启示是："A 错误发生时易出不良产品。B 警告连续出现 3 次，也易导致不良产品。"

可是，A 错误也好，B 警告也罢，发生之后不良品均会马上产生，因此很难与减少不良产品的措施联系起来，只是知道了错误或警告的发生会增加不良产品。

像上述那样，机械地使用手边的数据引导模型对于现场改善来说没有任何作用。这是我的经验之谈，也是我经常强调的事情。

要消除这类易犯的错误，先要有根据分析结果改善现状的"意愿"，这一"意愿"会加深对数据内容的理解，再根据分析结果制定政策，最终使之模型化。

另外，如果没有"意愿"，也容易做出"没有发现什么有意义的关联性"的判断。分析验证一次是不够的，要从各种切入点反复进行实验，这样才能引导出有意义的启示。

这绝对不是"唯心论"，正是因为有了"意愿"，才会废寝忘食地进行分析，发现通常遗漏的关联性，找到启示。

〈要　点〉

- 如果没有“引导启示”“联系成果”这样的意愿，再好的数据分析技巧也会浪费。
- 带着“意愿”进行数据分析，可尝试摸索，最终引导联系成果的启示。

4-3 思维定式易产生误解

◆ “思维定式”误导判断

前面介绍了“意愿”不足的危险性，但是过度“思维定式”也同样危险。与缺乏“意愿”相比，有关“思维定式”的事例较少，但是“思维定式”需要引起大家的特别注意。

过度“思维定式”有两个意思，一是“过于相信数据”，二是“过于相信假设是正确的”。

◆ “数据是正确的”思维定式

有关“过于相信数据”，我们可看一下某食品生产商打广告时关于投资效果的分析事例。

这类分析中会用到被称为 GRP（Gross Rating Point）的“总收视率”。GRP 通过“一个广告的平均收视率”×“广告次数”求得。GRP 本来是衡量 CM（电视广告）规模时 KPI（关键绩效指标法）中一种具有代表性的指标，也被用来作为判断广告投资效果的材料。

只是，即使数值相同，在高收视率的节目中低频率地打广告和在低收视率的节目中高频率地打广告，其效果是不同的。CM 的诉求力不同，其影响也不同。因此，即使 GRP 相同，其效果也不一定相同。但是在投资效果分析时，却经常出现轻易就下“GRP 越高越有效果”结论的现象。

为什么会发生上述事情呢？那是因为无限放大 GRP 的意义，与其他数字一起组合，忽视了单个 CM 本身的效果甚至其波及效果。

也并不是说要否定 GRP，毕竟它与 KPI 各种指标相通。为了防止上述现象出现，需要参看个别 CM 收视率单位的数据进行分析。这与大数据本身的特点——“全体感”和“辨别异常值”等一致。

再介绍另一个事例。在分析传感器数据时，受传感器的通信状况和电量等因素影响，有时会发生数据丢失而无法顺利取得数据的情况。

这时不得不在数据缺失的情况下进行数据分析，其原因是人为失误或是系统问题。但是数据缺失的部分偶尔也可以由其他传感器数据填补。大半的数据分析人员面对整齐漂亮的数据，通常会不加怀疑地进行分析。这是因为大家都过于相信传感器数据的特点，即一定间隔后一定会取得数据。

以上事例及现象都不是发生在初始数据获取阶段，而是发生在对经过一定整理的数据进行分析时。特别地，处理咨询公司或数据提供公司获得的数据时，应尽可能地获得初始数据，一旦觉得异常就可马上进行验证。

◆ “假设是正确的”思维定式

接下来介绍“过于相信假设是正确的”。人要过于相信一样东西，就容易戴着有色眼镜去看待事情。假设也是如此，一旦认定“假设正确”，就有可能不再进行验证。

例如，前述打广告的例子，表示“总收视率的 GRP 越高，营业额就会越高”这一说法乍一看没什么不对，甚至会理所当然地认为事情本该如此。

但是这究竟是不是事实，得分析验证之后才知道。研究 GRP 和营业额的相关性后，发现相关性强，就下结论说此假设成立。

但是，这很有可能是“思维定式”。因为这只是分析 GRP 和营业额的相关性后得出的结论。假如 GRP 高的一周中营业额也很高，这可能不仅仅是电视广告的功劳，也有可能是店面进行促销活动的结果。也就是说，和营业额相关的数据，仅仅有 GRP 是不够的，不对促销活动数据进行分析是得不到准确答案的。

如果过于思维定式，可能会导致眼界仅局限在手中现有的数据而遗漏其他验证，进而可能错过该得出的事实结果。为了避免上述错误，应该平日就抱有“这个数据真的可以吗?”“假设是正确的吗?”“如果不正确，原因又是什么?”等疑问。

〈要　点〉

- 假设验证中，“意愿”很重要，但“不要思维定式”也很重要。
- 不要过于相信数据，应尽可能地采用接近原始数据的数据或相似的其他数据。
- 设立疑问，筛选假设。

4-4
组合多个数据以正确把握实情

◆ 单一视角的数据无法表现全部

大数据以前的数据分析，都是以主干系统或网络登录等一种数据源为主进行的分析。

可是，一种数据源只从一个侧面反映社会，这就像用二元的相片囊括三元的社会一样，是不能全部反映现状的。

我在演讲和研讨会中，曾用圆锥为例讲过此事。从圆锥上方取得的数据是个圆形，从这个圆形数据要想推测出餐体实际是个圆锥是非常困难的。因此，需要再加上圆锥侧面投影的三角形数据，圆加上三角形就很容易想象到圆锥了。大数据分析要从多视角进行，这点很重要。

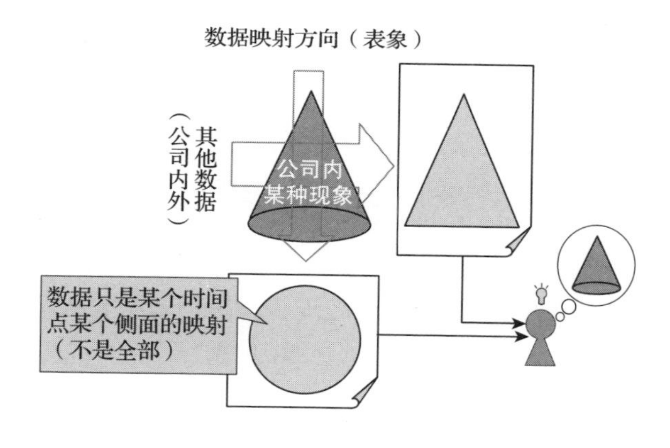

大数据的多样性示意

◆ 从多视角的数据正确分析事实

前面介绍过大数据的特点之一是数据的多样性。将多个数据进行组合分析可掌握较接近实情的事态，在大数据活用中也很有价值。

将多个数据进行组合分析时，最重要的是“备齐”“关联”。需要特别注意是否具备组合数据的各类轴，例如备齐时间轴、位置信息（纬度、经度）、关联特定个人的身份识别信息等。

以多个数据源为基础提高分析精度的事例有很多，其中一个就是天气预报。

现在的天气预报，可每隔 5 分钟提前 1 小时预测 1 平方千米内详细区域的天气情况。

为了进一步提高数据精度，结合社交网络数据再进行分析。社交网络中，各地的人们会上传天空照片、位置信息和时间，将这些信息和预测数据进行组合就可得到更为详细的天气预报信息。

再介绍一个事例。最近，零售店为了正确掌握顾客来店次数，在店里安装了摄像机来计算顾客来店次数。

当然，摄像机拍摄内容比较详细，有可能成为锁定个人的信息，所以要对这些内容进行处理，只保留计数功能，避免侵犯个人隐私。

因此，以往零售店无法准确掌握的顾客来店次数现在可正确地掌握了，除此之外还可掌握虽然来店但没进行购买的顾客的数量。这对店铺的陈列、设计、备货品种变更等提供了重要信息。

多个数据的活用才可称得上是体现了大数据的多样性且把握实情的方法。

〈要　点〉

- 一个数据源无法表现事情的全部。
- 将多个数据进行组合可正确分析事实。

4-5 仅进行一次数据验证无法得到结果

◆ 快速研究，接近本质

采用大数据技术可高速处理大量数据。同时，这些技术的各种解决方案价格低廉、使用便捷，越来越多的企业开始开展大数据活动。

Tableau Software 株式会社的 Tableau Desktop、WingArc 1st 株式会社的 Dr. Sum EA、Qliktech 株式会社的 QlikView、Tibco Software 株式会社的 TIBCO Spotfire 等，这些可简单地处理大规模数据，分析可视化的工具被称为自助 BI（Business Intelligence，商务智能），拥有很多人气。

Tableau Japan 株式会社网站主页

引自：http://www.tableau.com/ja-jp

WingArc 1st 株式会社的 Dr. Sum EA 网站主页

引自：http://www.wingarc.com/product/dr_sum/

Qlik Japan 株式会社网站主页

引自：http://global.qlik.com/jp

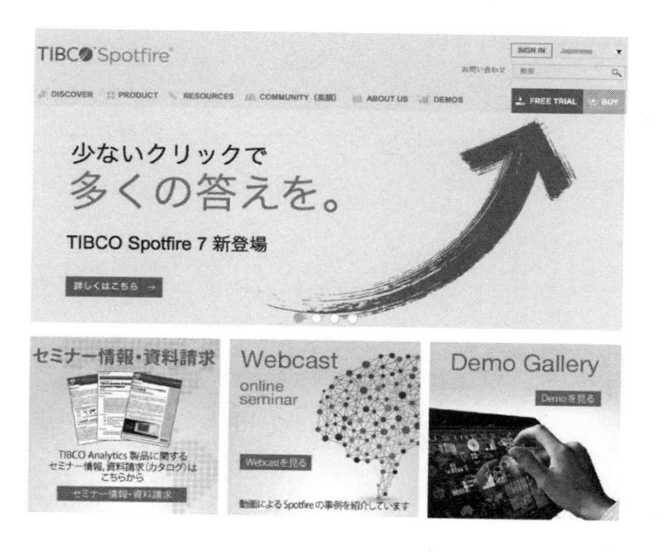

日本 Tibco Software 株式会社的 TIBCO Spotfire 网站主页

引自：http://spotfire. tibco. jp/

在大数据技术出现之前，进行一次数据分析需要大量时间，要想在有限的时间内得出结果，需要慎重确立假设。

20 年前我还是学生时，使用过数学家们使用的计算程序算法软件进行分析，得出结果往往需要花费一晚上的时间。

并且在这段时间内，不知道处理是在进行还是已经终止，只能等待，好不容易得到结果却让人大失所望，是很让人恼火的。

但是现在通过上述可简便使用的工具，虽然分析模型初期所做的假设的精度低，但是“首先试分析，依结果再进行下一步考虑”的分析步骤变为了可能，着手分析变得更为方便。

这不仅使作业效率提高，还意味着分析者的精神压力也会大幅减少。

发达的工具在实际的分析工程中也有显著的效果。例如，将分析结果给咨询师看的时候，咨询师往往会提出新的数据或假设（追加要件）。

追加要件的提出不代表对分析不满意，而是正是因为对分析满意，才提出新的建议以求得更好的结果（如果对分析结果不满意，就不会提出新的要求，通常会要求停止分析）。

工具发达的现代大数据工程，采用名为“Agile（快速敏捷）”的反复循环系统快速地重复分析周期，以使风险最小化是有效的。

这是因为，慎重地确立假设进行一次分析，即使验证了假设，也无法获得假设以外的结论。花费时间只是验证了假设正确，这在意料之中。

对于大数据分析，人们往往期待“新的发现”“以往不知道的意外事实”。但是最初精度高的假设验证往往有悖最初的期望，很难得到“新的发现”“以往不知道的意外事实”。

当然，在没有假设的情况下进行分析得到“新的发现”只是偶然。

因此，在进行分析时，先快速验证初期假设，再从咨询师那里得到新的数据或新的假设，然后对验证过程中感到不协调的地方进行验证求实，以此重复才是开展分析的正确方法。

有价值的发现和启示不一定是一次验证分析就可获得的，

要通过不断重复分析，快速验证。

〈要　点〉

- 数据分析不能一次就结束。为了一次就可结束，慎重确立假设属于本末倒置。
- 利用自助 BI 工具等便宜简便的解决方案，快速地重复分析周期，引导结果。

访谈 1
数据假设验证的摸索尝试理所应当

日本国际大学 GLOCOM(Global for Communication Center，全球通信中心）主任研究员 副教授 中西崇文（听者：笔者）

日本国际大学 GLOCOM 副教授，主任研究员。

1978 年生于三重县。2006 年修完筑波大学研究生院系统信息工程学研究学科，博士（工学）。任独立行政法人信息通信研究机构（NICT）研究员至今。从事多媒体系统、数据分析工程学、大数据分析、统合数据基础相关研究。著有《聪明的数据 · 创新》（翔泳社出版）和《Perspectives on Social Media：A Yearbook》[Piet Kommers，

Pedro Isaias，Tomayess Issa（编）］中的第4章：Toward Realizing Meta Social Media Contents Management System in Big Data 等。

◆ 假设验证的摸索尝试是对大数据“期待”和“怀疑”的结果？

——经历了各种大数据工程，不难发现大数据的特点之一就是“不断反复假设验证”。和一般的系统开发工程相比，大数据工程需返回原点重新开始的地方很多，一线人员自不必多说，数据科学家也常感到疲惫。因此，我想请问中西先生，从您以往的实际工程经验来看，如何做到重复工程周期而不觉得疲惫呢？

在进行系统开发时，多少也会有返回原点的时候，基本上都是按照从现状分析中抽出课题、定义要件、进行开发这个顺序进行的。但是，大数据工程经常是连续摸索尝试，像系统开发那样的 Water Fall（上流工程会不反复地流向下流工程，以水的流向比喻系统开发顺序模型）极少。中西先生，您认为其中的理由是什么？

中西先生： 我认为尝试摸索是大数据才会有的产物。市场调研或商业活动中数据活用的事例增多是近年的事，原本数据收集和利用早在自然科学中就被用到。自然科学中有假设理论，为了验证假设需要收集数据，也就是说目的很明确。相比之下，近年的技术发展已实现可在无目的状态下活用数据，因此就产生了“虽然不知道是否可用，还是先尝试一下”的风潮。

还有一个理由就是数据分析中“进行”和“使用”之间有差距。根据分析结果制定措施并施行的是一线人员，由于有差距，所以需要进行沟通。

——在以往实际的反复尝试过程中有觉得累心的事吗？

中西先生：对数据的期待值分两个极端是我觉得比较累心的事。有因“这数据得不出什么有效结果”而采取消极态度的人，相反也有过度期待大数据，期盼得出像魔法一样结果的人。

对于前者，从手头的数据中挖掘出任何启示都是好的，但是后者就比较难了，只能希望对方理解“现在的数据就是极限”，根据情况再请求提供补充数据，寻求较积极的参与，这很难。

——补充完数据，从零开始再分析，得出的结果可能会“不一样”吧？

中西先生：“跟预想不一样的结果”的例子有很多。这种情况下，原因多为“双方分析的切入口或视野不一致”。说到数据分析，多数人都有这样一种印象：只要将数据填充到公式里，就可以得到有效的启示。但实际上得出的启示的有效性在很大程度上受到数据的处理方法和视野的影响。其中，一线人员有时也没有固定的切入口。

必须事前沟通协调一致看重什么，是“需采取措施的有效性”还是“现状分析”，通过现状分析想得知“市场动向”还是“顾客特点”等。对大数据过于期待的人都认为“通过数据分析，市场动向也好，顾客特点也好，所有的事情都会清楚明白”。也正因如此，一旦出现视角不同的结果，他们就会认为想要的结果“不是这个”。

——我也有过好几次需要重新开始分析的情况。在重回归分析创造模型的例子中，用于分析的数据变数之一无法控制，受到外部因素影响的数据即使可以用模型反映现状，但也得不到结果。

创造了分析模型，这个模型是否可以使用要依据被选择的变数特性来定。如果事前不看数据，这些是无法得知的，但一线人员强烈要求“暂且不管其他，先得出结果来看看”，所以常常摸索前进。通常双方都是一边互相否定“不是这个”，一边验证“可使用的数据”“可使用的模型”。

中西先生：我非常能理解您所说的。但事实上，从一开始就考虑到变数的数据，其本身就很难。在此之前，还有很多人期待大数据像魔法一样能产生意想不到的结果。即使得出的结果理所当然，那么是“正因为理所当然，所以更要积极地运用于战略”，还是“太理所当然了无法使用”呢？意识差也会影响大数据活用的成果。

◆ 一线人员和分析者一边沟通一边摸索尝试

——最终，要想摸索尝试顺利地进行，像数据科学家那样从一开始就理解商业活动一线人员所期待的“成果”就可以了吧？

中西先生： 这仅是我个人的想法，我觉得还是不太对。摸索尝试的根本说到底就是一线人员和数据科学家的讨论沟通。商业活动一线人员称“切入口错了”，数据科学家就会抱怨“事先你要是先告诉我就好了”。像开头所说的，大数据本身就是在“尝试使用”的 IT 环境和商业环境中诞生的，最初就能决定成果可能就不是大数据了。

——一线人员的真实想法就是“为了了解不知道的事情，才希望活用大数据”吧？

中西先生： 从一线人员来看，数据提供本身难度就很高，因此最初会以样本数据结束。样本数据分析一旦得出好的结果或启示，期待值就会变高，接下来就会燃起干劲，想要使用更多、更具批判性的数据。但是正如高桥先生之前所说的那样，数据特性变化可能导致创建的分析模型无法使用，还要从零开始考虑。所以，我认为大数据活用避开沟通交流可能是无法进行的。

——可能正如您所说，自从大数据成为密码口令之后，一线人员一方面抱有期待，另一方面也抱有疑问：“可以做到何种程度?”经过分析之后才开始放心：“如果能做到这种程度，就把数据交给你。”之后便又进入到下一个循环周期，需要不断地循环往复。

中西先生：实际上，在聘用数据科学家或委托给外部专门企业时，经常会有不安，“不知道会得出什么结果是不会付钱的”。因此，首先用样本数据测试，同时也体现着测试数据科学家的资质和技能。因为今后会一起从事共同的工作，所以要先辨别今后是否可以一起工作。

◆ 大数据活用层级变高，是否意味着“摸索尝试”就会变少，甚至消失?

——是不是只要是大数据工程，摸索尝试就永远不会消失?

中西先生：是不会消失的吧。理由有以下两个。

第一，一线人员和数据科学家之间有“语言障碍”。数据科学家会用数学的眼光看待事物，不是一般的商业人员。比如，只要稍许精通分析，当认识到数据的力量时就会说“去问数据”，但实际上仅通过数据还有许多事情是无法得知的，需要一线人员的智慧和经验。这种文化的差异和理解的偏差会通过交流沟通逐步消除。

第二，这也是大数据的特点——不尝试就不知道结果。例如，将以往在公司内部很少有利用机会的数据与地方政府的公开数据等组合，就有可能会产生意想不到的结果。

——特别地，外部数据本身收集的目的就有异于商业分析目的，如果全是这些外部数据，不实际尝试分析是不会知道结果的。商业一线人员自不必说，数据科学家也要抱着半信半疑的态度进行分析。

中西先生： 这正是ICT（Information and Communication Technology，信息通信技术）本身的优点所在。

我曾在我的书（《聪明的数据·创新》，翔泳社出版）中写到，ICT有“规模优点”“视野优点”“结合优点”三个优点。这些优点在大数据活用中均拥有“不做不知道”的特点。

例如：最近3天的营业额数据和天气数据相联系，可能会得到某些启示，但是要分析什么是起因，则需要长时间观察。规模越大，越可清楚地明白倾向或宏观动向，但这和小规模的样品数据分析时的状况相比，大数据运用到底如何变化，不实际进行实验是不会知道的。

视野就是指改变视角。例如，以往只在气候变动相关关系中提到的“气温数据”，从“顾客需求”角度进行分析，是否能顺利进行，不实际行动永远不知道结果。

最后“结合优点”，正如高桥先生所说，不做就不会知道，综合各种数据，价值就有“可能”会产生。自由设定规模、视野、结合，能获得的“可能”价值便会无限存在。

◆ 正是坚持不懈才会产生成果

——有别于大数据活用当初的假设，副产物也是数据价值之一。具体的例子之一就是KOMATU的“KOMTRAX”和日立建机的“ConSite”等建筑机械传感器数据的活用。不仅仅是维修或预防故障，新的效果作为副产物也很有成效。这样的副产物就是“摸索尝试”的“成果”。

中西先生： 之前采访的时候拜访过日立建机。像ConSite这样的报告服务，乍看之下看不到有什么价值，但正是因为这种服务才可以得到一些深的理解，如“不用再购买建筑机械”“这样使用更有效率”等。另外，建筑机械也会用于国外，通过这种服务就可以知道进行和日本国内相同环境的维修是不可能的，这时“具体怎么做才好?”会通过产品和环境的比较得出答案。这也是数据积累获得的“成果”之一。

——这正是因为不断尝试摸索才能向好的方向进行吧。如果不摸索尝试可能就会一直持续“这分析能知道什么?”“不分析不知道结果，所以先交出数据”“如果不知道会得出什么结果，是不会交出数据的”这样的负循环。

但一旦进行各种尝试，转向正循环后，就会主动寻找可活用的数据，积极地进行分析，从而产生意想不到的结果。结果不正是摸索尝试的关键所在吗?

中西先生：摸索尝试不是一个人的事，双方充分传达自己的意愿并响应是关键。仅仅是背地里想“本来想让你这样分析的”是不会进步的，但如果很明确地表明“既然得出了这样的结果，如果使用这个数据是不是会得出更好的结果? 再进一步考虑一下吧”，并且对方也很配合，才能往前迈出一步。双方都想“一次就得到让人惊呆的启示”是无法顺利进行的。只有不断摸索尝试，坚持分析各种数据，才是通往“成果”的捷径。

4-6 大数据之神藏于细节

◆ 找出例外或异常值

从事手机通信的Softbank为了应对用户“连接不好”的投诉，应用大数据解决该问题一度成了社会话题。

其方法为接收手机发出的“未连接”数据，锁定地点进行改善。详细来说，就是使用Softbank集团Agoop公司研发的手机软件，通过独自测定数据包的通信连接率和声音连接率，锁定数据包丢失或连接不良的地点。

据说当时使用的数据量一个月在7亿~9亿个，正符合了大数据数据量大的特点。

在所有手机记录中连接率都达到95%以上的状况下，要找出显示未连接的测定数据，意味着如此大量的测定数据是必不可少的。其原因在于，一般样本调查得出的结论往往都会显示基本上“都已连接”。

Softbank集团从大量的数据中运用大数据技术，一个一个找出显示未连接的测定数据，进行了不断改善。其结果就像在CM中赞扬的那样：“连接率在业界数第一。”

连接率95%已是被称为长尾的状态，完成一个改善点，连接率只会变好一点。这可能需要反复作业，但是正因为不放弃持续改善，所以才会成为第一的吧。

本例说明，在用大数据进行分析时，需要重点关注的并非是大倾向，而是细微的变化或异常值。那是因为大倾向不用大数据，用所谓的“样本调查”或“经验感觉”就可知道。

如果对大数据抱有“新发现”或“以往未曾发现的”期待，那关注长尾领域就可以了。

现在普遍的电子商务网站的推荐功能所显示的“推荐商品”是综合所有客户数据分析，高精度引导出来的。

然而，有时限定购买期限的商品组合会被推荐给我们，这可能是异于以往模型的稀有例子，统计时当作“例外”被剔除掉了。在大数据世界中，它会被认为“例外会有例外的意义”，继续挖掘其详细信息，新的组合模型自然会表现出来。最近对这些例外推荐机能的开发正在进行中。

◆ 上帝存在于细节

近代建筑巨匠、著名建筑家密斯·凡德罗曾说过“上帝存在于细节（God is in the detail）”。

我将这句话的意义解释为“轮廓谁都可以模仿，但是决定胜负的是细节的修饰或收尾的完善，在于精益求精”。大数据也同样。这正是本节标题“大数据之神藏于细节”的意义。

有句话叫“只见树木不见森林”，在大数据分析时，要见林，见树，更要见枝叶，即使非常小，但有可能会发现以往未注意的地方。这正是大数据的价值之一。

〈要　点〉

- 大数据分析中大轮廓方向很重要，但是也要注意分析发生频率不高的数据。
- 大数据分析中，以往被称为“例外值”“异常值”而没被使用的数据也有其意义。

4－7 不要光分析，行动才会产生结果

◆ “分析”“行动”一起，才会取得成果

大数据工程中报告启示是一个重要节点，但是只要不和实际一线行动结合，大数据工程就只会止步于分析调查。

我以往参与的大数据工程止于揭示结果而停止分析的例子不在少数。这是因为“分析自己进行得太难，需要依赖外部”，“相反，实际操作是自己，怎么都可以进行”的意见很多。实际上遗憾的是，很多大数据工程在分析结束之后便告一段落，并没有联系后续的实际行动进行操作。

大数据工程将分析结果落实到商业活动中并进行改进才会

取得成果。

前述的 Softbank 的例子就是如此，仅仅发现手机连接不上信号的地点，连接率是不会得到改善的，只有分析数据、确定未连接区域、讨论如何改善连接，才能改善连接率。

以下介绍将分析和行动结合从而取得成果成为热门话题的活用大数据的事例。

Pluga Capital 投资基金用一个名为“Pluga AI fund”的对冲基金（追求绝对利益，投机性的投资商品、公司）来投资日经平均指数期货。从网络上每天生成的博客新闻中抽取文本数据，通过“形态素解析”分析方法进行定量化，用人工智能来决定买卖。结果该基金取得了巨大的运行收益率。

当然成果一定是要肯定的，但是我认为最应该赞扬的是，信任普通的博客数据分析结果并将其运用到实际的基金投资中。如果一旦失败，投资马上就会变成损失。关于这一点，虽然在彻底施行止损规则以防止大规模损失方面做足了功夫，但是我还是觉得将投资家投资的大量资金通过博客数据分析进行投资，还要归功于敢于将启示转变为行动的勇气。

如果将大数据活用当作自身的商业活动，可能就会根据分析结果采取实际行动。现在街谈巷议的机器学习或人工智能的分析手法，由于模型黑匣子化，看不到实体，所以很多人都半信半疑。但是如果分析不与行动结合，就相当于纸上谈兵。

分析得到了很好的启示，对于大数据工程整体来说只是成功了一半，采取行动才有可能取得成果。

〈要　点〉

- 大数据的分析结果无论精度多么高，只要不与实际行动相结合就不会取得成果。

访谈2

分析结果（output）与商业成果（outcome）是两回事

GIXo株式会社董事长兼CEO　纲野知博氏（采访者：作者）

GIXo株式会社董事长兼CEO。

1998年庆应义塾大学理工学院毕业。CSK株式会社（现SCSK株式会社）担当新事业企划，中长期战略企划、M&A。2004年任职于埃森哲股份有限公司战略集团，从事新事业战略企划、顾客战略企划、市场战略企划、成长战略企划等咨询工作。2011年在日本IBM株式会社BAO（Business Analytics &Optimization）中担任咨询部门（BAO Strategy）负责人，2013年成立GIXo。著作有《加强公司实力　大数据活用入门基本知识到分析实践》（日本能率协会managementcenter）。

◆ 大数据工程需要速度的理由

——纲野先生，我曾听闻您在GIXo成立之前，2011—2012年在日本IBM株式会社担任咨询部门负责人，向企业提供大数据或分析服务。那时还是大数据热潮的黎明期，应该还没有确立大数据工程的进展方法吧？

纲野先生： 我在2011年入职IBM株式会社，当时刚刚出现“大数据”这个词，业主的委托往往不是“到底想以何种目的活用大数据”而是“现在全是大数据，所以想做大数据”。

当时用户企业也有优先重视关键词对大数据充满期待的倾向，如果经营者要说“我们公司也想尝试大数据”，我是没办法不做的（笑）。因为如果接受了没有研究目的的大数据工程，往往会导致迷宫状态，所以大数据工程的主要流程就和一般系统开发一样，根据上流局面制订“想要做什么”的计划，结合要点定义，制作分析基础和前台分析画面等。

——大数据如果按照“最初固定模式，再按模式对号入座”的工程模式进行，我认为可能会有局限。最初分析要点没有确定，分析之后的商业活动也需要实际施行才能取得成果。像以往系统开发一样，从要点落实的长期流水型工程进展方法只是花费时间，PDCA 循环是不能迎合商业速度的吧？

纲野先生：确实如此。本公司数据活用是成果（qutcome）至上主义。不出成果的东西是没有意义的，因此我认为应该引导能得出成果的分析结果（output）。当时虽然硬件价格下跌，但是大量的数据分析还需要大量的投资，所以不允许失败，不能够重来。为了避免失败，慎重开展，上面的制订计划和要点定义就变得非常重要。信息系统和主干系统一样，一般采用“上面重要”的方法，大数据组织的开展方法也别无他法。

可是，近几年科技飞速发展，云计算可高速分析上亿的数据量且价格低廉，结果数据分析的 PDCA 循环周期可以迎合实际商业活动的速度。这要感谢“摩尔定律”。

——由于可以快速、低廉地处理大量数据，所以开展方法才发生了变化。那么伴随着这几年科技的进步，顾客的意识是否也发生了变化？

纲野先生：来本公司内进行咨询的业主约有八成都是有“目的”的。由于本公司的业主多数是通过别人介绍来的，所以他们困惑的事情我们多多少少会清楚一点。虽然不能一概地说是否世界都变成看重目的了，但是“因想做这个项目，所以想活用大数据”

的案例确实在增加。

——对于这些客户，您会边给他们介绍现行事例边确定分析方案吗？

纲野先生： 不是，实际上我们没有积极地给客户介绍过现行事例，因为表面的事例对于实际的工程并没有多少影响。媒体介绍的让大家都为之震撼的稀有事例是由这个公司所在的业界过去的历史和经历造就的。因此听取事例，自己从中吸取本质的难度太高。深度挖掘进行阐明解释，还不如考虑如何才能达成目的，需要什么，如何活用本公司的数据。我认为首先尝试分析，尝试得出本公司的分析结果很重要。

◆ 不可以混淆“成果”和“分析结果”

——参与大数据，客户企业自身很少认识到自己所抱有的商业课题或痛点（困惑点），关于这点您怎么考虑？

纲野先生： 业主抱有的愿望与其说是课题，还不如说是“想要提高营业额”“增加客户数量”等。这些客户来进行商谈的原因是他们对我们有期待：“GIXO 无论是在咨询还是在数据分析方面都很擅长，能根据科学的进展制定客观的指标，为我们指出前进的方向。”大数据从“普及期”突破进“实用”层面，取得成果的企业在不断增多。因此，只是与大数据话题相关的咨询变少，而越来越多的企业期待成果，希望一起解决问题。只是有一个误解，那就是一些人会认为“只要以数据为基础进行考虑，谁都可以做出正确的判断”。

——是“只要分析数据，答案会自然出来”这种感觉吗？

纲野先生：最近话题逐渐从大数据转移到机械学习和深层学习上来，结果就会有人产生误解，认为只要着手分析数据，答案就会自动出来。嗯，当然这样极端的例子还是很少的，但是有一部分人认为“如果活用大数据，想法就会自动出来”。不怕招人误解，我认为通过分析数据看到的东西是用过去的结果来理解现状。解释状况，“实现准确度更高的想法”是大数据活用的本质。在此基础上，一边推测未来的状况，一边重复我们认为比较好的判断。

对于判断来讲，在分析结果的基础上形成商业活动假设的推论很重要。这些致力于大数据分析的企业中普遍常见的问题之一就是没有能够进行推论的人才。现在大家都很关注会分析的人（狭义指数据科学家），但是对于企业来说需要的则是可以解释分析结果，制定政策措施，引导成果的人才。我们公司不仅仅从数据分析得出启示，还对企业提出成长战略建议，负责培育从事推论的人才。

——也有不满意分析结果而迟迟不肯行动的例子是吧？特别是用到机械学习时，由于分析本身被“黑匣子”化，怎么进行的分析，有决定权的人是看不到重要环节的。结果，商业活动假设到达不了推论阶段的情况常有发生。

纲野先生：恕我直言，因不满意分析结果而不采取行动，与因不想采取行动而不满意分析结果还是有很大差别的。不采取行动就不会有结果，因此为了能与行动结合，需要不断追求，以实现较理想的分析结果。如果对分析结果不满意而无法实现行动，就可能需要多面提供研究结果，使用各种方法不断完善分析结果。不能引导成果的生产是没有意义的。

——正如您开头所说的“成果至上主义”。

纲野先生：粗糙一点说，分析结果这一成果说到底只是中间成果。解释这一成果，思考战略方针方向，制定施行措施并执行才会出现顾客增加、营业额增长、成本得以削减等成果。我认为企业本应投入精力的地方是在分析结果的基础之上制定对应措施。

◆ 为了让人们将注意力从数据转移到假设，一次性发表大量报告

——最近，参加贵公司（Change）的研修活动时，有的客户企业希望“自己也能分析”。实际上，即使学习了大概的

理论框架，能用在一线的分析知识和技巧也不是一朝一夕就能积攒的。

纲野先生： 因此，我认为本公司在2015年3月推出的“graffe”业务正可以解决上述问题。Graffe中烦琐费时的分析工作交给我公司，业主主要致力于本职工作即解释、制定战略、施行。其中，有的企业主张“分析是战略制定的精髓业务，应该自己处理”。是先培养解释数据、企划施行行动方案的人才，还是先培养只会分析数据的人才，这是优先顺序的问题。我希望大多数业主首先关注前者，之后如本公司内需要保留分析的环境或人才再培养也不迟。

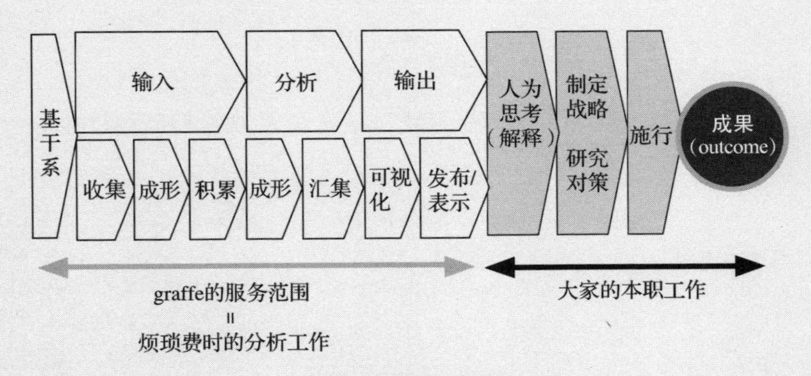

graffe 的服务范围

——通常大数据工程都是“不满意一个结果，用别的数据分析再分析”，要经历多个循环往复，graffe的特点就在于提供大量报告，短时间内提高分析精度。是怎么想到这个创意的呢？

纲野先生： 是否可高效率地进行分析，关键在于是否有引导合理假设的人才。例如，如果能设立“进行这样使用（购买）的客户会不会是优良客户”的假设，接下来就是分析数据验证假设了。可是如果连假设都没发现，是不会到分析这一步的。“确立合适的假设”是件难度很大的事，因此就要考虑“如何让发现不了假设的人发现”。报告设有 L1 ~ L6 共六个层次，从 L1 按顺序成体系引导分析结果，自然最终会发现假设。

——像 graffe，一次性提交大量报告，解释数据显示的意义，再活用到商业活动中这一模式普遍化之后，PDCA 循环就会以不可想象的速度运行吧？

纲野先生： 从想分析到看到分析结果，在系统企划、系统开发的基础上花一两年时间，对于经营者来说不是一件好事。一年前想看到的数据终于在系统开发完成后可以看到了，但是这时商业环境已经发生了变化，想看到的数据是不同的。

最初从整体切入点得出分析结果，在实际数据的基础上解释分析结果，按照企业特点分别制定分析体系，是 graffe 的工作流程。最近系统开发流行一个词叫“reiteration（重复）”，graffe 正是重复各个企业的分析系统而形成的。当然，以这样的速度进行个别分析服务并得以实现的原因在于技术的进步和廉价。像我们这样的冒险者也可以进行这样的服务。我认为这正是大数据时代具有划时代意义的事情。

◆ 企业需要的是解释数据的“数据艺术家”

——通常分析得出的结果对于客户来说是“以前就知道的”事情，实际上有很多客户期待新的发现。graffe 中有过新发现吗？

纲野先生：新的发现引导成果产生的例子当然有很多，但是我认为重要的不只是以往未注意到的发现或假设。看到分析结果后可能有人会高声说：“这个我知道。”但是我认为既然知道，那就马上开始制定措施得出成果吧。“从经验可知，但没有验证，没施行”意义的“知道”与“通过数据验证的分析结果理解实情，引导施行”意义的“知道”之间是有非常大的差距的。

——graffe 支持的速度感十足的分析结果（output）和商业成果（outcome）让我们感受到了大数据的“特有”服务。graffe 运行时，会替客户暂时保管数据，收到原生态数据时要进行一定程度的分析，需要数据加工，对吧？会怎样处理数据呢？

纲野先生：处理多样的原生态数据时，不仅要清理数据，还需要确立进一步的“数据编排”程序，将暂时保管的数据处理到在公司内可进行重复分析的状态。为了不烦劳业主，不会产生附加价值的数据整理工作都由本公司处理。例如，从零售业主接手的凌乱商品样式有20亿行，6个营业日内即可完成体系分析。

——从数据整理到分析都可以委托贵公司完成，客户真的就可以专心致力于解析分析结果了。可能比起分析本身来说，解析分析结果的人就显得越来越重要了。

纲野先生：不同于分析数据的数据科学家，本公司将制定分析假设并将分析结果用于商业活动中而进行解析的工作人员称为“数据艺术家”。数据艺术家才是活用大数据引导成果，今后企业必备的人才。

如果graffe可以让客户企业内部不断培养数据艺术家，从而提高企业的竞争力就再好不过了。

4-8 听取一线声音，转动一线，持续使用

◆ 一线不活用是无意义的

根据大数据分析得到的启示进行活动的是谁呢？不是数据

分析者本人，而多数是一线的责任人。

因此，开展大数据工程前，需要事先让一线责任人参与进来。相反，没有一线责任人参与分析，得出的结果往往是分析者本人的一厢情愿（也就是说没有联系到一线责任人的活动，将会止步于分析阶段）。

让我们以零售店销售量预测工程为例进行思考。

分析负责人从销售一线得到了各种数据，经过反复摸索构建了预测模型，可进行精度较高的销售量预测。

之后分析负责人得意扬扬地将模型拿到了一线，进行了大体解说之后一线员工提出了这样的疑问："这预测真的准吗?""为什么会有这样的结果呢?"

当然，一线员工并不是想了解分析模型的基础统计模型或数学公式。所以，分析负责人进行了不了解数据分析的人都可以听懂的简单说明。接着一线负责人继续提出疑问："大致我懂了，但是这个真的可信吗? 万一错了怎么办? 能承担责任吗?"。

为什么会发生上述情况呢。这是因为分析负责人并没有加深对一线的理解，没有获得一线的认同，分析责任人单方面制作了模型。

对于模型展示的"按这个方法进行"，一线责任人是不会轻易就说"好"的。

这不仅是大数据工程内会发生的事情，和公司内不重视一线而自上而下地传达命令是一样的。

一线责任人也认为大数据如果能带来价值就应该加以利用。为了让一线员工产生同感，需要他们参与。

然而，每个分析作业如果都有一线员工参与，那么施行起来就会非常没有效率。因此，建议分析作业分别由负责人施行，对于分析必要的输入数据的获得、对数据的解释、分析模型的认同感或适当性，要与一线责任人边讨论边开展。

具体来说，首先要探索“一线比较困惑的事有哪些，什么解决了一线会比较开心”。

例如，在工厂，经验丰富的老员工会通过自己的直觉和感觉进行作业。新员工如掌握了这些直觉和感觉，业务应该会有飞跃性的突破。老员工的直觉和感觉通过数据解析，进行大数据活用，让全员共享，业务就会有大的突破。

另外，分析数据时，在制作“正解数据（教师数据）”或“预测模型”时，一线的参与是非常有效果的。

例如，在定食屋连锁店的例子中，将某店的顾客数据划定为“常客”，是将“常客”定义为一周来一次，还是定义为4个营业日内来店，其结果是有差异的，甚至也许还要考虑到购买金额等。

这时，通过一线的参与就可准确地给“常客”下定义了。这不仅仅是与一线员工进行信息交流，一线员工自身进行定义也是联系后期使用模型的要因。

这样制作出的分析模型不是分析责任人自己的产物，因为吸取了一线员工的意见，所以一线责任人愿意向其他成员传达，容易快速融入一线。

让一线参与的另一个重要原因就是“可持续使用大数据”。

实际上有不少人认为，持续进行大数据分析过程，只要得到了较好的分析模型，自然就会取得成果。但是，当外部的环境发生变化时，需要重新审视分析模型。

还有不要拘泥于一个分析结果，需要考虑是否还有其他可引导成果的要点。这是因为大数据是长尾效应，需要不断积累小的措施获取成果。

大数据活用中，时常验证新假设，制作新的分析模型，并不断持续产生成果的循环是非常重要的，以此来适应时代和外部环境的变化。

〈要　点〉

- 大数据分析需要一线参与。
- 分析责任人和一线责任人不断进行沟通有利于模型的渗透。
- 大数据活用需要时常验证新假设，制作新模型，并不断持续产生成果的循环。

访谈 3
将一线想获取的数据可视化

AKINDO SUSHIRO 株式会社信息系统部原部长田中觉先生（采访者：作者）

AKINDO SUSHIRO 株式会社信息系统部原部长。

埃森哲有限公司，经过 General Electric 进入 AKINDO SUSHIRO 株式会社。2012 年 1 月由经营企划部长转任信息系统部长。2015 年 10 月离职后，同年 11 月就任消费咨询（后更名为 True Data 株式会社）社长室长。

◆ 目的是“让客人品尝到每个餐位的寿司”

——AKINDO SUSHIRO（以下简称 SUSHIRO）作为成功导入大数据活用的例子经常被大家提到，原本导入的契机是什么呢？

田中先生： SUSHIRO 原本始于一家位于大阪的小寿司屋。此后秉持着“让更多的人品尝到美味寿司”的意愿开创了回转寿司“SUSHIRO”。因为 SUSHIRO 的经营理念定为“美味的寿司，肚子饱；美味的寿司，心里饱”，所以需要加强管理以让客人品尝到美味价格低廉的寿司。为了让客人多吃，一次在回转轨道上投放大量的寿司，就会留下已干的寿司，卖相变差，也有损味道。因此，公司开始管理回转时间，丢弃超过一定时间的寿司。

比如，金枪鱼寿司如在轨道上运行超过350米，就会自动丢弃。另一方面，为了减少扔掉的寿司量，预测现在应该做多少寿司，制作了计算“食欲量”的机制。这就是IC标签，世界最早的“回转寿司综合管理系统”。

——“希望客户品尝，但是也想减少浪费”。正是这样明确的目的才进行系统导入的对吧？我听说系统导入是在2002年，当时没有出现“大数据”一词，还主要是以传感器活用为主体。将IC标签嵌在盘子下面来管理每个盘子，这样的方法在当时来说应该是非常新颖的，到底是怎么想到这样的方法的呢？

田中先生：我听说当时SUSHIRO生意兴隆，什么东西，什么时候，销售了多少，人为管理无法应对，最终摸索出了管理单品营业额的方法，进而开发了IC标签。只是由于当时的信息技术受限，无法统一使用全部店面的数据，只是各店活用各店的数据。

随后大数据时代到来，使用便捷的云服务以及方便统计分析的BI工具的出现，使得公司全规模的数据活用成为现实。实际上从全公司的视角来看，它犹如宝山，可从中设立各种各样的假设获取灵感，也可用来验证假设。

——系统导入后，活用大数据的时代就到来了，甚至说全公司都可以实现数据活用。那么纵观全公司，我们能了解的东西又有哪些呢？

田中先生： 各店自己的数据过少，但随着将各店的数据进行汇集，不容易看清的倾向会逐渐清晰。还有，多种差异可见化的意义也很重大。由于开餐馆属于“人财生意”，因此店长的力量可影响销售额和利润，但是高效率运营的店和低效率运营的店的差异可以明显看到。因此，用BI工具构建营业控制板，各店铺的优点和弱点可清楚地显现出来。

——这对于从业人员较难固定的饮食行业来说是非常重要的资源。对于这样的资源导入，关于云或BI工具等新的信息技术活用，有过犹豫或反对的声音吗？

田中先生： 由于最初规模小，依效果来逐步扩张，所以没有发生过反对的事情。由于使用云技术，初期投资基本没有多少，开始时基本上都是在即使失败也可在接收的范围内进行的。

◆ 能看到一线想看到的数据，是信息系统部的职责所在

——我明白了，就是最大限度地活用“从小开始”的大数据环境的优点。之前您曾提到过“食欲量”，以此衡量顾客需求指数，在现场实际操作过程中有需要特别下功夫的地方吗？

田中先生： 现在有两个指标，分别是1分钟后和15分钟后。1分钟后是指以现在的来店动向做预测，显示要做多少东西。15分钟后是指在来店客户已吃量的基础上结合以往的来店动向等计算今后还要准备多少。

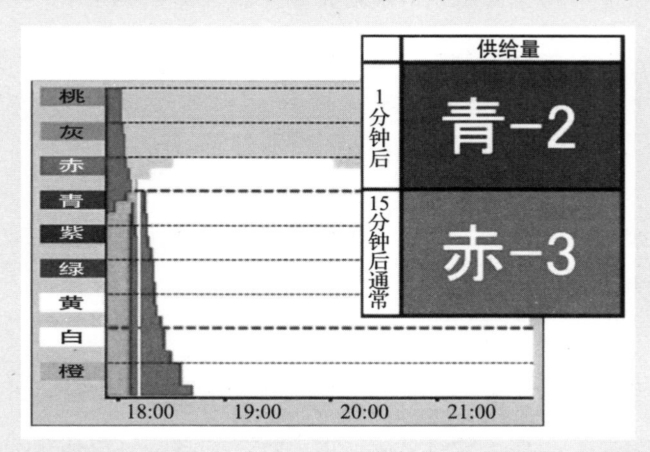

在 SUSHIRO 的厨房内看到的“回转寿司综合管理系统”界面

——1分钟和15分钟这样的时间点有什么意义吗？

田中先生： 这是在现场操作的基础上经过多次调整最终决定的。比如，1分钟之后还可以定2分钟后或3分钟

后，但是细分反而变得难懂，一次能做的事情是有限的。另一方面，也许定10分钟后或20分钟后对未来进行预测可能更准确，但是这需要操作的爆发力。实际上这么短的时间是不够做寿司的。经过反复测试才确定了指标。除此之外，公司还以颜色确定要做的寿司种类，为了不太复杂，将寿司分为9种颜色，在各店铺销售额预测的基础上按颜色决定制作各类寿司的数量。工作人员按照颜色指示的优先顺序制作寿司。

——只看数据，一线并不行动起来是没有意义的。在电视上曾看到田中先生多次访问一线。

田中先生：信息系统部的职责就是要看到一线想看到的数据。如果无法取得想看的数据，则要修改系统以取得数据，后期为了分析数据还要跟系统间的数据相结合。

——我之前做过几次，尝试将无法连接的数据连接，说实话这是件非常要命的工作。又因为这是一项不做永远不会知道结果的工作，所以我经常提心吊胆，将它们可视化。

然而，我有一个疑问。您说是用IC标签收集寿司数据，那么，IC标签中究竟是如何写入数据的呢？由于最初开始写入数据就需要大量的盘子，那么在填写过程中，写入数据的时间会不会造成操作过程中的时间浪费？

田中先生：实际上，寿司下面的传感器中并没有主材的数据。

——啊？这是怎么一回事呢？

田中先生：SUSHIRO 采用的是“斑嘴鸭方式”。前面流转的样品会告知后面流转的盘子的主材是什么。例如，在轨道上放置金枪鱼盘子时，先在前面放置一个载有金枪鱼照片的盘子。放照片的盘子带有“金枪鱼”这一数据，所以系统这边就可以判断此后的盘子是金枪鱼。

采用“斑嘴鸭方式”收集盘子数据

——原来如此。这真是扎根一线的机制啊。疑问解决了。

◆ 经常调整一线，产生一线行动的机制

——从所有的寿司中提取数据进行分析，可实现精度较高的分

析，今后公司还会朝着中央以数据进行指导的方向制定政策方针吗?

田中先生: 我们的目标不在于简化公司中央集权制的管理体制，其实说到底还是为一线业务服务的体系。我们旨在创造一线操作和系统相互融合的状态，创造系统支持操作，改善操作的状态。

例如，刚刚介绍的“回转寿司综合管理系统”给出的提示也只是统计概率论。虽说投放的金枪鱼寿司在转盘上会马上被卖掉，但是是否应该再次投放金枪鱼寿司，还要根据店铺当时就餐人的拥挤程度来决定。如果就餐人很多，说明其他客户也有需求，可再投放，但是有空档时间投放其他主材的寿司会更好一些。此时需要的是一线的随机应变能力。不要所有都按照系统事先准备，人和系统如何融合才最重要。

——最后，请您讲一下关于今后的业务计划吧。

田中先生: 从进货到店铺业务，我认为所有的供应链还有改善的余地。以往关注的是店铺内的改善，这从某种意义上将是局部最优化。但从更广泛的视野来看，我认为可以构建有效的，与销售计划或购买合同等联动的供应链体系。

第 5 章

活用大数据，我们的生活将如何变化

本章主要讲述随着大数据活用的不断进步，等待我们的会是什么样的未来，以及今后我们该如何与大数据相处。

5-1 大数据活用的未来是什么样的?

◆ “可视化”引导“机械预测和自动化”

大数据普及的未来会发生什么变化呢?与我们活动有关的数据会变得可收集甚至可分析吗?使用这些数据的社会是便利舒适的社会吗?是所有人都幸福的社会吗?

便利店大数据活用预示着不远将来的某种可能性。

在不远的将来,便利店由于大数据的活用、摄像监控、传感器等,很多信息会可视化,可以即时掌握店铺的货架上现在还剩多少货物、仓库还有多少库存等。

这些信息在店铺、仓库等便利店所有的网点进行公开,也会通过智能机向顾客公开,店铺的断货信息可以一眼看出。

便利店总部除了可以随时掌握各店铺的即时营业额和利润,还可以了解现在店铺中有 多少员工,他们在何处正在做什么，店内有多少顾客等信息。可视化可以让这些都得以实现。

利用可视化机制分析数据，各种业务都可以实现“自动化”。在店铺的商品库存消耗完之前，机器就会自动订购，店内就可以保持必要的库存量。

员工的调整等也可通过机器进行，机器会做出指示什么时候应该做什么业务等。

这样一来店长只需负责系统预测外的事件应对、员工因突然身体欠佳而请假的审批等。

在市场活动中会如何呢？以往为了提高销售效果，特意大量囤积推销商品，进行店面市场活动，以扩大销售额。

但是在不久的将来，便利店可以不用留大量库存，大量的库存可以通过3D或虚拟现实再现，在考虑市场效果的基础上预测销售量，商品可自动订购而不会积压。以往靠店长或订购管理者的才能、多年经验和直觉的市场活动也可由机器代劳。

在以往的数据分析中，常根据库存数据或现在的销售数据和以往的销售倾向等分析销售量。

但不久的将来，在此基础上，综合销售日的气温或天气、经济动向或竞争对手的销售情况等信息，可进行更高精度的分析，使预测更加精准。这些预测可能会超过优秀店长多年养成的职业嗅觉和经验。

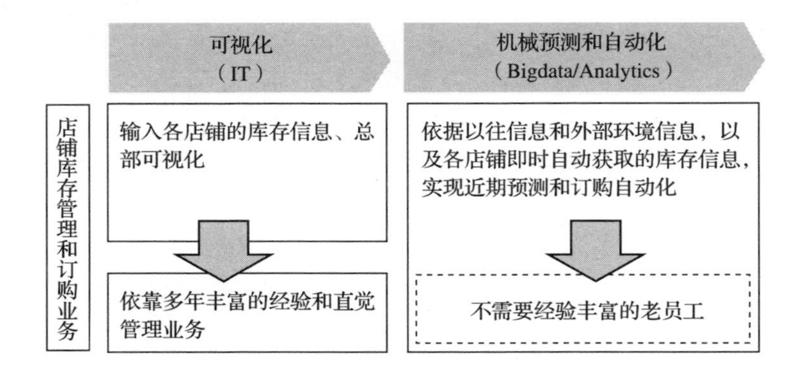

从可视化到机械预测和自动化的进化

◆ 大数据减少浪费，利于环保

在不久将来的一个早晨，一个人在上班路上路过便利店，正好想吃的面包在做促销活动，并且手机上收到了打折券信息。

打折券是通过大数据分析被推送的，正好和客户的喜好一致，因此这个人使用了打折券，以低价格买到了面包，很满足地去上班了。

未来的便利店通过大数据活用，可以将店铺内便当或面包的库存保持适当的数量，大大减少浪费。这将为便利店带来巨大的利润。

这也将对环境产生有利影响。根据相关部门调查，每年便利店食物废弃量超过 4 万吨，如果大量减少废弃物，就会有利于环境问题的解决。

企业名称	食品出货额/百万日元								食品废弃物等的发生量/t
	生鲜	面包	零售	食品	饮料	快餐	其他	合计	
A社	2,834	591	1,010	738	1,599	81		6,853	352
B社								1,216,876	3,510
C社	12,1424	23,316	33,936					69,394	1,185
D社						38,501		38,501	
E社	80	2,596	3,149	1,887	2,663	176	10,866	21,417	939
F社	6,555	17,799	15,912	8,368	47,719	35,572	16,631	148,556	7,798
G社	34,106			136,128		79,152		249,386	6,916
H社	9,778	217,000	166,455	858,082	431,949	72,426		1,755,690	
I社	111,992					174,732	276,175	562,899	21,272
合计	177,487	261,302	220,462	1,005,203	483,930	400,640	303,672	—	41,972

便利店食物废弃量

引自：日本环境厅2008 年食品废弃物等的应对策略推进调查业务报告

http://www.env.go.jp/recycle/report/h21-02/1.pdf

◆ 大数据正确还是人正确

在便利店越来越无用武之地的优秀店长，其职责被削减之后，将在店铺做什么工作呢？

收银业务不断自动化、安全化，清洁也朝着自动化迈进，不仅是店长，普通店员也逐渐没有了作用。

大数据带来适量化，库存量、销售量、销售价格等全由机器自动决定，店内的杂务也由机器代劳，店长再怎么努力也不会有变化。也就是说营业额和利润基本上固定，要想超越很困难。

在这样的情况下，店长开始考虑“不靠机器，靠自己的力量提高业绩”，脑子里全是：“如何让竞争对手的顾客在本店购买呢？可以提高营业额吗？”

结果最终得出结论：“稍增加一些面包和便当的库存量，比其他店铺卖得稍便宜一些，以此增加营业额。”这是不遵循大数据显示结果，自己决定进货量或库存量、售价的行为，实际上也是在大数据之前普遍存在的行为。

结果，店长的猜想完美实现。面包、便当比以往销售的多，销售额比大数据显示的金额多，获得了成功。

店长开始宣扬“自己比大数据准确”“直觉经验超过了大数据”“机器是不会超越人的”等言论，开始放弃依赖大数据，开始凭借自己的直觉和经验开展经营。

当然，临近的竞争店铺由于该店铺擅自行动，预测结果有大幅偏差，原本分析认为会畅销的商品由于该店铺打折，而没卖出去，遭受了巨大损失。

结果，竞争店铺的店长和上述经验丰富的店长一样，宣称“大数据不好用”，开始自己决定进货量和售价，最后却带来更大的混乱。大数据创造出的市场全体最适化，由于一个店长的擅自行动，就轻易地被瓦解了。

这仅仅只是假设，但也预示着只要一步走错，就可能会陷入大数据无用论里。

◆ 大数据无用论的错误

那么，上述大数据无用论真的会在今后发生吗？让我们接着来看便利店的后续发展。

经验丰富的店长由于成功的经验，开始每日豪言宣称“自己比机器准确”，不信任机器得出的结果，凭借自己积攒的经验和职业嗅觉，按照自己的想法决定进货量、销售方法甚至货物摆放位置。

结果，最初开展很顺利，但是错误估计了竞争店铺的促销，再加上无法应对突然的气候变化等，致使无法顺利经营的日子越来越多。

屋漏偏逢连阴雨，某天店长的身体不舒服，因高烧无法思考，在拼命想计算出进货量时，心里不得不盘算着：“今天真的不行了，尽早回家休息吧。”

结果这天，店长按大数据的提示向员工做出指示，自己先回家休息了。这天，销售情况很好。

第二天店长不再宣扬“自己比机器准确”了，代替的是“要用能用的东西”。

◆ 逃离大数据与人对立的怪圈

大数据是非常优秀的工具，但并不万能，可能有时还会有错误。当然，随着大数据的发展，正确率会不断提高。

在人工智能超越人类的 2045 年，“奇点”时代，正确率可能会无限接近 100%，但也可能会很难。

但是不能因为正确率不是 100% 就不使用大数据。我们不应该与机器“对立”，而应该灵活利用计算机独有的长处。高明地运用大数据，考虑如何产生各种成果创造未来才是重要的事情。

正如上述便利店的例子，机器拥有超越人类的记忆力、正确运算的能力以及不用担心身体状况不好的优点，这些优点我们都应该最大限度地加以利用。

5-2 大数据活用在和谐社会开花

◆ 从国际象棋看到的与机器“共创”

有一个例子会给大数据活用的未来一点启示。象棋冠军加里·卡斯帕罗夫提议了一项竞技——先进象棋。

象棋本身的规则没有变化，变化的是各个棋手可以用自己喜欢的象棋软件和计算机一起思考下一步怎么走。

这是一项计算机高速计算和人类战略思维相互配合与对手进行比拼的竞技。

关于这项竞技，发起者卡斯帕罗夫评价说：“与普通的对战相比，质量高，经常会出现超过人类预算的打法，实现了以往人类之间对战无法实现的竞技规则。”

只是，在竞技时，棋手必须要有评价机器显示的打法的头脑或评价体系。如果棋手擅自判断，打法与机器分析推导的结果不同，结果马上就会变坏并且无法拯救。这和前面讲到的便利店例子完全相同。

相反，竞技棋手如果完全遵照机器的指示，即使赢了也没有意思。这是机器的胜利，不是棋手的胜利。

也就是说，它不是人和机器的“竞争”，而是绝妙的平衡，人和机器“共创”的游戏，同时也告诉我们，和机器协调相处可达到新领域。

◆ 人和人创造“共创社会”

以下再介绍最近很火的例子——Airbnb 和 Uber 服务。

Airbnb（可预约个人住宅等空置房屋的服务）

引自：http://www.airbnb.jp/

Airbnb 是一项可预约个人住宅等空置房屋的服务，Uber 是通过智能机叫私家车或出租车的服务。

Uber（用智能机叫私家车或出租车的服务）

引自：http://www.uber.com/ja/

以上都是利用个人不动产或汽车等闲散资源获取等价回报的服务。

这些服务被称为“共享型经济”，起源于硅谷，在世界上广泛传播，日本已开始有这样的服务。

不“拥有”不动产或汽车而要“使用”这样的想法其实并不新鲜。比如，汽车可提供租车等租借服务，不动产可提供租借住宅等服务。

那么 Airbnb 和 Uber 等的共享经济和以往的服务有何区别呢？其区别在于所有者非法人，而是个人可以轻松出借，也就是所谓的 C2C（Consumer to Consumer）。

以往的租车或不动产的租借由于都是由法人将其作为商业

活动进行实施的，所以会公开信息，可以说不公开信息商业活动就无法进行。

个人在进行上述服务时必须公开个人信息，如“这期间，我家没人，可自由使用”“我有车，但这段时间不用，可以乘坐”。另外，使用者也需要提供个人信息。

这项服务还有一个机制，那就是服务提供方和使用方可互相评价。通过评价，可以维持个人无担保的服务品质。

以往的大数据活用中，企业会先提出怎样保护个人信息，怎样防止个人信息泄露等议题，之后再开展大数据活用。

共享经济的前提是限于特定的服务，积极地公开、共有、评价个人所有物或空闲时间等，为双方贡献利益。

不要随便限制信息利用，要灵活掌握信息的公开共有，引导其向有利的方向发展，这样人与人就可以以数据为中心相互联系。

个人持有的车、房等资源社会全员可有效利用，有利于创造舒适、和谐社会。在和谐社会中，机器扮演的不是做指示的指挥者，而是最适合的协助搭配的支援者。

共享经济的思考方法为大数据的活用提供了很好的启示。

◆ 大数据带来的舒适社会

那么，数据公开共有、有效利用，利用者满意的“舒适社会”具体来说是什么样的社会呢？

比如去餐厅时……

不光餐厅的拥挤程度会公开，甚至哪个座位什么时候没人这些信息都会提供给消费者，消费者就可根据推荐预约喜欢的店铺和喜欢的座位。餐厅可以预测当日所需食材量并进行准备，因此减少了库存浪费，有利于提高利润率。

比如打出租车时……

叫出租车的乘客用手机发送乘车信息，系统从出租车公司或个人私车服务者现在的位置中匹配出与乘客位置最近的车辆，尽可能地缩短移动距离，这也降低了车辆能量消耗。

另外，什么时间去什么地方会有乘客这些信息会提供给出租服务提供方，可以最恰当地调配车辆。

将来如果自动驾驶得以实现，也许有一天会出现无人驾驶。这样，租借服务也可实现无人服务，不受所有者的时间限制，只要车闲置就可以加以利用。

比如用于农业……

根据全国食物需要量算出每户农家最合适的生产量，这样努力种植结果却卖不出的情况会最终消失。

另外，精度高的天气预报便于人们更加及时地制定应对策略，植物栽培基地将其作为参照按栽培的植物种类控制适当的光照、温度，实现稳定栽培。

比如急救医疗……

可预测犯罪发生地点或需急救的患者出现的地点。如果精度足够高，可在事故发生前让救护车在周边待命，一有救援电话拨进，就可马上到达现场。

可接受救护车和急救医疗的医院以及最短的线路马上显示出来，救护车发出的感应信号让周围的车一起让路，从而缩短了到达医院的时间，可以救助更多的人。

比如管理自家住宅能源……

家庭或公司的能源利用可进行最佳化控制。电器给人们创造了舒适的环境，系统会减少由于忘记关开关等产生的电能浪费。回家前系统将热水器开启，到家后根据当日的温度自动调整温度，可在最佳时间泡澡。

比如企业招聘时……

公司招聘时出示所需人才的职务说明，除了上述记载的内容之外，系统会自动推荐符合公司风格、出勤距离等的人才。

对于跳槽求职者来说，系统也会提供最佳的求职信息，双方进行最佳匹配，大幅度减少聘用后离职这一错误匹配。

我举了很多“比如”的具体事例，除此之外还有很多大数据活用的例子。

只要数据公开，可活用环境具备，机器就会算出最佳利用状态，按照分析结果采取行动之后，就能享受最佳状态。大数据产生的调整机能，也就是大数据带来的“看不见的手”调整资源并分配至最佳状态，实现最佳社会。

◆ 大数据活用在和谐社会开花结果

“看不见的手”是指英国经济学家亚当·斯密提倡的“市

场存在的每个个体追求自己的利益最大化最终导致最佳资源分配”的调整机能，非常有名。

然而经济学中的“看不见的手”在现实生活中却没起到作用，需求不平衡的状态持续存在。甚至，占有财富或资源的人占有的资源越来越多，进而获取利润，造成社会贫富差距越来越大，不得不遗憾地说离最佳资源分配相距甚远。

那么大数据带来的“看不见的手”会带来最佳资源分配，完成调整机能吗？前边讲到的“共享型经济”服务可以给我们提示。

创造在明确利用目的的基础上公开个人持有的数据，利用者和提供者互相评价，并将评价结果公开的机制。

违反规则或不符合伦理观的行为会受到不同于法律的市场规则的惩罚，将不得不退出市场，形成数据产生的新秩序和规则。

举个例子，急救医疗现场利用的规则。假设现在要用救护车运送患者，向前方行驶的车辆发出信息，指示前方车辆停到路边或慢行以确保救护路线畅通。

相关车辆需要协作，一起慢行或停车。如果一台车辆以“着急”这一个人原因打乱协调性，闯入救护车前面的空道，其他车辆也会相继采取这样的做法，这时系统就会瘫痪。

为了防止出现上述事件，可以降低对打乱协调性车辆的评价。比如可以做出限制其对汽车的使用，使其丧失对其他服务的使用权等惩罚。

也许不特意施加惩罚，只要公开其评价低这一信息，周围的协助就会减少，因而其也享受不到便利和利益。

说到底机器像“先进象棋”一样，只起到支援的作用，向着大数据活用的方向努力就会产生舒适社会。这不是大数据控制一切的社会，这样的社会无趣，不是人们期待的社会形态。

不是受机器或数据支配，也不是和机器竞争，而是创造和机器相互分担职责，使用者和服务者相互评价的新社会，这可以说是大数据活用的一个要点所在吧。

访谈4

用于表现手法的大数据

Rhizomatiks Research 株式会社　真锅大度（采访者：作者）

Rhizomatiks Research 株式会社董事。

1976年出生，毕业于东京理科大学理学院数学系国际情报科学艺术学院（IAMAS）DSP专业。2006年成立Rhizomatiks，2015年和石桥素一起主持Rhizomatiks工程中R&D色彩最强

的 Rhizomatiks Research 。参与了各种领域的工程设计。2010 年起担任 Perfume 演唱会技术担当。参与了东京奥运会邀请展示中击剑的影像设计。另外，声浪模拟“Sound of Honda / Ayrton Senna 1989”在 2014 年的戛纳国际创意节中获得 Titanium&Integrated 最高奖，获得 8 个门类中的 6 项金奖，6 项银奖，合计总共获得 15 个奖项。在美国 Apple 公司 Mac 诞生 30 周年特殊网站中当选 11 位杰出人物之一，国际评价很高。在美国奥斯丁举办的 SXWS 音乐盛典上，Perfume 为大家展示的新曲“STORY”（当时未发行）中的技术演出是其最近作品之一。

◆ 大数据由数据的采用方法决定

——看真锅先生制作的互动空间艺术展现和表演，总能让大家对您的新作品感到震撼，您使用了前所未有的大数据使用方法，那么您是把大数据当成了怎样的工具来使用的呢？

真锅先生： 数据只是数据。大数据活用本身并不难，如何设计收集数据的机制才是关键所在。只要有好的数据，一切皆有办法。

在这方面，Google、Facebook、Twitter 做得很好。比如要制作一个可人脸识别的图书馆，基本上如果没有学习数据是无法完成的。如果想进一步提高脸部识别精度，与其收集脸部图像，不如收集告知我们“脸部图像在何处”的数据。这方面，Facebook用了很好的机制在收集图像，用户自己会帮助他们标识自己的脸部。

在收集数据时，我认为最重要的在于计算机或传感器与人的关系是否可以良好互动。

——您在获取数据上很下功夫的作品都有哪些呢？

真锅先生： 我参与开发的位于银座的索尼大楼楼梯“旋律步伐”（2006年）就是很好的例子。踩踏楼梯，楼梯会发光发声，是面向孩子的玩具。实际上有一个隐藏设计，最上层的楼梯被踩30次，便会呈现别样的景致。这是研发时间最长的项目，积攒了10年的大数据。最初并没有想到二次利用的方法，是想到“之后肯定会出现别的东西”才开始创作的。

除此之外还有只可收听Perfume歌曲的软件——“Perfume Music Player”（2013年）。这原本是为演唱会（Perfume2013年东京巨蛋体育馆公演）准备的，歌迷们用软件听歌的有关数据当天汇集到东京巨蛋体育馆，当然这些信息数据也会告诉给我们。这些数据用在了演唱会的视觉展现中。

——视觉展现是在创作软件时就想到了吗？

真锅先生： 是的。所以这个视觉展现只在东京巨蛋体育馆演出时使用。只是这款软件和演出没有关系，平时就可使用，现在歌迷们还在用它听歌。软件会告诉我们“现在听这首歌的人有多少”“这首歌是第几首播放的”等，由此歌迷之间自动发起的“瞄准好数字”等游戏也很有意思。不仅仅是歌迷，对于制作方来说也有好处，使用数据就可知道“下次做什么样的歌曲”“现在大家听的是这种类型的歌，下次就采用这种路线”等，对于制定战略大有帮助。我本身也是Perfume的歌迷，通过软件发现与自己音乐爱好一致的人也是其魅力之一。

——很有趣啊。本书中曾介绍过在线影视播放Netflix的事例。在线播放可获得视听用户现在播放视频的数据，以这些数据为基础，制作新的电影或电视剧，一夜爆红，着实很有意思。

真锅先生： 音乐这方面有Apple Music和Spotify。Gracenote、Echo Nest这样的公司可以制作乐曲元数据。Gracenote有元数据的乐曲2.5万首，这些歌曲由专门人员手动按调分类，这些分析数据可以用机械学习技术给8000万以上的歌曲自动配调。我认为用这些数据可以创作新音乐。像Netflix，以大数据为基础创作角色，让我感受到了创新的可能性。通过解析大数据来创作新的表达方式这样的尝试，我也在以各种形式进行探索。

——真锅先生，您是突然有某个想法之后再进行数据解析，还是在解析数据的过程中突然有灵感的呢？

真锅先生： 多数属于数据驱动（以数据为基础进行考虑或行动），以数据为主。

——说到音乐，真锅先生的作品“Love Song Generator（情歌发生器）”的歌词数据也被解析了是吧？

真锅先生： 是的。这是一个以大约 6 万 5000 首日本 J－Pop 歌词数据为基础制作出的作品。比如用户对着麦克风说“纪念日”，首先人工智能会将它自动分成“纪念”和“日”两个词语，之后在歌词中有“纪念”一词的歌曲中找出有关爱的歌曲，在原歌歌词的韵律基础上，找到像和歌（日本的一种诗歌）一样“5 5 7”调的抒情诗，进而创作一句歌词。

——从麦克风中可以获取音频数据，这样有趣的机制让人忍不住尝试下去。

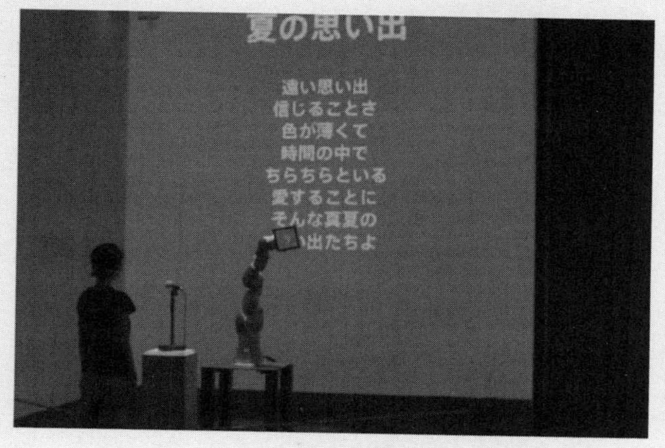

Love Song Generator

真锅先生：通过展示，收集到了合计 20 万人的“爱的语言”。作品的新类别艺术空间中写上“您说的话将会成为歌曲的名字，您想到的爱的语言请面对麦克风大声说出来”会比较好。如果直接写“您的声音将变为情歌”，可能大众会有抵抗心理，就可能不会收集到这么多的数据了。本来这个作品，录音作为素材主题，是要用到下个作品中的，在体验使用规则中明确标明“您的语言会用到其他作品”，取得客户同意。目前，这些声音还没有找到合适的表现形式得以发布，还在考虑大数据活用方法。

◆ 收集数据是件让人烦心的事，规则和活用能力（读写能力）很重要

——说到数据的获取方式，之前说过数据可由企业买卖，并一度成为热门话题。有很多人对大数据都有一种厌烦或不了解的恐怖心理。现在还有许多不知道自己的相关数据易被使用而在使用软件或网站的人。这种厌烦心理现在可以说是妨碍大数据活用的一种障碍，如何破解？有何良策吗？

真锅先生：个人数据不知不觉就被他人获取，对这种事情人们基本都会很厌烦。Instagram 和 Facebook 的用户中有多少人意识到免费使用软件的代价就是提供数据呢？

服务方要想获得数据有三个问题，即“个人隐私”

“安全”“许可”。用户没有意识到这些问题就将数据提供给大企业，我认为这才是问题所在。

相应的大型企业以非常快的速度不断创造新的机制，法律等对策根本追不上其速度，想要较量比较困难。我希望每个人在免费享受有趣的服务时，都要意识到服务内还包含着很多商业活动、数据的二次利用计划等。

——确实，人们本来就反感，如果再加上人们不理解保管的数据有泄露、消失的风险以及无法应对这些事，稍有不慎就会演变成大问题，法律再怎么尽力完善也无法追上其更新的速度。

真锅先生：个人数据的使用，如果没有伦理和法律两方面的制衡是没有未来的。在使用新服务时，要仔细阅读使用规则，是认同“包含拍摄照片的肖像权在内，所有都交给此服务”，还是“先算了吧”进行拒绝，在今后的数据社会中如何保护自己尤其重要。

我在做开放资源企划时，从制作使用规则开始就在做这些。

——有很好的商业想法，并用浏览器在 Google 中检索，一般人是不会意识到自己在向 Google 透露他的这一想法。Google 也不愿意被人盗取数据，会准备“选择退出”（个人回避、拒绝、不再展示产品或服务的广告和宣传的手段)，让客户使用“秘密窗口”。然而实际上很多人并不知道“秘密窗口”的存在。

◆ 数据何处取得的“反感”和“便利性”分界线

——反感和便利性的分界线一直受到人们的关注和讨论，真锅先生您认为的底线、方针是什么呢?

真锅先生： 现状给人的感觉就是“做就是胜利”。持有数据的企业规模越来越大，逐渐开始独占数据，将数据用于何处，我们无法抱怨。在使用规则上已经写了，用户如果同意，那么在规则上就得到了认同。

对于现状，我作为一名媒体艺术家能做的就是通过新类别艺术空间，曝光基础设施和服务的内情。已经有危险信号警告我们，现实社会已经开始向我们厌恶的社会转变了。这既有启蒙意义，也想以此继续警戒社会。

◆ 团队大数据活用中“共通语言”很重要

——作品中由团队制作的多吗?

真锅先生： 现在很多都需要高专业性，所以团队制作的作品变得多起来，比如刚才提到“Love Song Generator ”就是由 5 人的团队制作的。以前从获取数据到解析、可视化都是我自己一个人完成的。

——用数据创作作品时，负责艺术的人、分析数据的人、工程师等有很多人参与，为了减少各行业专家之间的分歧，需要注意些什么呢？

真锅先生：有个名叫“openFrameworks”的开放资源开发环境，由于全员可使用，所以合作也变得容易起来。通信规程中OSC（Open Sound Control，开放声音控制协议），可以轻松与音频、视频以及这些数据软件对接，可各自进行自由度较高的开发。

“ELEVENPALY”公演等工程中，控制无人机和机器人手臂的动作，伴随影像播放音乐，摄像机感应舞蹈演员动作等，很多事情同时进行，最后还要有综合汇总的部分。

之后还要看何种工程。艺术工程R&D（Research and Development，研究和开发）色彩鲜明，保险起见，基本上每个部分都要做到最好，最后以作品的形式呈现给大家。

娱乐方面要比艺术工程要求严格，不允许失败，因此制作方法截然不同。与电影制作类似，角色分配很细，设定的目标明确。

以Perfume团队为例，Perfume 3人和导演MIKIKO。其中我负责技术相关工作以及影像的后期编排。除此之外还有很多工程师、设计家、开发软件的人、将软件收集的数据转换成视频的人，还有舞台艺术家、导演、配合演出的照明负责人和配乐人员等。最近由于娱乐也向着数据驱动的方向转变，“数据科学家”和“可视化专家”都肯定要加入到工程中去。

——有如此多的人参与，会频繁沟通吗？

真锅先生： 最初大家会详细确定做法。我主要负责设计数据格式，导演按照时间轴制作详细的视频解说，例如“在这将数据转变成影像，用 1、2、3 屏幕展现，照明 1 关掉，演员朝向两侧”。一旦做法确定，之后只需要负责自己负责的部分就可以，实际上交流并不多。

版本管理由 githuh 负责。公演前夜以正式演出的方式连接各模块，很少出问题。采取这种方法的 Perfume 团队的长处之一就是许多领域的专家会集在同一个团队里。机器人和无人机现在也是自己做成的。

有制作无人机的生产设计家、制作稳固器的工程师，甚至还有驱动无人机描绘其轨道的 3D 设计人员。在世界上，由一个团队做这些工程的还比较少。

——体制话题确实非常有意思。它向我们展示了用数据制作新产品时一个团队的合作方法以及开展工程上的要领。

真锅先生： 另外，参加NHK《专业人的工作方式》节目时制作的“真锅大度说、何谓专业”网站也是大数据活用的例子之一。从自己的博客和Twitter、邮件、采访，以及创作型人才参加的谈话节目、过去“专业人”的出演者发言中找出共通的词语，制作了用于回答“何谓专业”这一问题的特设网站。

“真锅大度说、何谓专业”网站

引自：http://professional.rzm.co.jp/

——和之前的“Love Song Generator”有相似的部分。

真锅先生： 是的，是同一个团队制作的。这个团队有一个非常优秀的数据科学家叫作德井直生，这是他参与的作品。我将结果反馈到OSC，由服务器返回显示在网络上的部分分析交给他来处理。我自己擅长的是声音和影像，将分析交给他人，自己负责前端设计和开发。

◆ 寻求史无前例的表现手法，重复尝试

——当别人向我询问有关大数据活用的问题时，很多人都“期待有趣的东西”或“新发现”。作为开端，对大数据感兴趣是非常好的事情，新发现只能实话实说，“如不实际操作是不会发现”的。对于有过新艺术创作的真锅先生您来说，如果存在产生新东西的秘诀，能否告诉我们呢？

真锅先生： 大数据的商业活动我认为非常难。我们在参与的艺术世界中，用以往社会上未使用过的技术做各种实验，结果即使没有意思，也可以被看成是一项研究成果，不会有大问题。艺术研究和开发的特点本来就很强，可最大限度地自由发挥是其特点之一。

但是，商业活动中的目的或谋求的结果是限定的，这点我认为是最大的差别。

——不经过反复尝试，是不会发现新东西的，对吧？

真锅先生： 在创作新事物方面我认为是这样的。相反，如果是“前例主义”，当然偏差会变少，但同时大的“猜中”也不会被发现。以往的工作中很多都是要遵循“前例”的。现在我自己站到了“创造前所未有的东西”的位置上，这样请求也变多了起来。

——真锅先生的工作流程就是寻找工具，在此基础上创造前所未有的东西，是吧？

真锅先生： 是的。Golan Levin 的《The Secret Lives of Numbers》（《数字的秘密生活》）就是大数据相关的媒体艺术作品。收集网络上所有的数据，再将它们可视化，仅仅如此，就发现了战争等在有意义的年号数字上出现了高峰。作为用数据可视化制作的媒体艺术初期作品还是非常有意思的。

相反，我想问艺术作品以外的大数据工具在何处可以找到？

——现在的人工智能。机械学习也是如此，十进制可以消除组合爆炸，再深入探究，我认为可以用在操作、调查研究等军事领域或提高工厂的生产效率。

真锅先生： 原来如此，是军事和安全方面。我记得数据可视化的工具可以追溯到13世纪左右。

——1968年家具设计家伊姆斯夫妇制作的《Powers of Ten》（《十次方》）（摄像机在空中遥摄躺在公园草地上的男女，以十次方的速度向宇宙扩展，又急速地回到细胞中的旅程）教育影片虽然不是大数据，但是类似大数据的视觉展现受到了人们的关注。

当时的人们应该还不知道宇宙的边缘以及原子、中子等微结构，固定某点，类似大数据，运用“drill up”（向上钻研）和“drill down”（向下钻研）以通俗易懂的方法展现不同的断面，这种方法现在来看也很新鲜。

真锅先生： 制作超越此影像的作品是非常困难的。在创意上来讲，在那个时代是非常新颖的。我还想咨询您一个问题，现在最想接触或最想收集什么样的数据？

——以往我除了做大数据相关的事情之外，还从事过成人教育，想从事能提高人工作效率的大数据活用工程。为此，如何收集人的行为数据是现在最大的课题。有技术的难度，个人信息问题以及隐私问题也非常显著，必须逐一解决。

真锅先生： 我曾在 8 年前，收集自己在计算机上的鼠标和键盘的操作以及使用软件的记录，进行了可视化。我在看到数据后发现，自己在某天是设计师，在另一天就变成了程序设计师，这样的变化我觉得很有意思。

——将键盘配置和鼠标操作可视化这点很有趣啊。

真锅先生： 那时我取了 24 小时的记录。有天好像用了很多次一个名叫“Max/MSP”可连接对象的可视化编程软件，当天光动鼠标了。

——确实很有意思。不过，会有越来越多的人不想自己的数据“被人盗用”。

真锅先生：那时明明是自己的记录数据，却不是“高效率工作的榜样”。结果，数据显示“光看 Safari 浏览器了”，当时觉得很惭愧。

——能轻松转换可取得的数据和不可取得的数据，轻松去掉积攒的数据中不需要的部分，我觉得必须要从这些地方开始。真锅先生，今后您要用数据做什么事呢？

真锅先生：最近有个团队使用 Google 的“Deep Learning”（深度学习），可以将任何照片都制作成毕加索名画，很有意思。这样会使拥有很多图像数据的 Google 变的更强大。

所以我想先用没有任何价值的数据做些东西。不是大家“现在”想要的数据，而是使用现在没有任何价值的东西，期待用解析技术创作出有特点的作品。现在如果普普通通地做，没有一点意思，我觉得如果不跳离常态是不会有意思的。

后　序

感谢您阅读到最后。通过本书是否多少感觉到大数据离我们的生活很近呢?

本书于 2015 年出版，恰巧是电影《回到未来Ⅱ》中时间旅行的 30 年后的未来。

电影中时光机“Delorean”飞向了天空。我记得我还是个孩子时，观看《回到未来Ⅰ》，心扑通扑通直跳，心想：“30 年后的未来会是什么样呢?”

现在的 30 年后，也就是 2045 年（从 2015 年计），被称为人工智能将超越人类进入奇点的时代。

人工智能和机器人大放异彩的未来是否会变成让我们期待已久的世界，决定权在创造未来的我们的手中。

我现在以“扩大大数据活用的视野”为口号，在继续开展活动。

不要让大数据悄无声息地改变我们的社会。我认为每个人理解了大数据作为“工具”的使用方法后，选择更好的方式对其加以正确利用，会创造出更好的社会。

首先希望这本书可以成为大家的学习基础以及契机，让大家可以成为真正的“大数据活用者”。

本次写作过程比我以往参与的任何大数据分析工程都要充

满挑战。在此我向写作期间给予我各种见解与想法的工程师、研究会或委员会的各位成员以及参与研修的学者们表示衷心的感谢。

除此之外还要感谢 GLOCOM 的中西崇文先生、Gixo 株式会社的纲野知博氏先生、AKINDO SUSHIRO 株式会社的田中觉先生、Rhizomatiks Research 株式会社的真锅大度先生在百忙之中接受采访，向你们表示深深的感谢。

还要感谢我长期就职的 Change 株式会社的同仁们对我长期的关照。

最后，还要向给予我写作本书机会的父母、纵容我任性的家人表示平日没有说出的感谢。谢谢！

高桥范光

参考文献

绪论

『ビッグデータの正体 情報の産業革命が世界のすべてを変える』ビクター・マイヤー＝ショーンベルガー、ケネス・クキエ 著、斎藤 栄一郎 翻訳、講談社、2013

『2045 年問題　コンピュータが人類を超える日』松田卓也 著、廣済堂出版、2012

第 1 章

『ビッグデータの衝撃——巨大なデータが戦略を決める』城田真琴 著、東洋経済新報社、2012

ヤフー株式会社、Yahoo! Japan Tech Blog http://techblog.yahoo.co.jp/

内閣官房内閣広報室、首相官邸 HP　http://www.kantei.go.jp/

データサイエンティスト育成検討事務局、データサイエンティスト育成検討事務局 HP　http://ds.change-jp.com/

第 2 章

『ザ・アドテクノロジー データマーケティングの基礎からアトリビューションの概念まで』菅原健一、有園 雄一、岡田 吉弘、杉原 剛 著、翔泳社、2014

『分析力を武器とする企業』トーマス・H・ダベンポート、ジェーン・G・ハリス 著、村井章子 翻訳、日経 BP 社、2008

『ビッグデータ総覧 2013』日経 BP ビッグデータ・プロジェクト 編、日経 BP 社、2013

『ビッグデータ総覧 2014－2015』日経ビッグデータ 編、日経 BP 社、2014

第4章

『ビッグデータビジネスの時代 堅実にイノベーションを生み出すポスト・クラウドの戦略』鈴木良介 著、翔泳社、2011

総務省、情報通信統計データベース http://www.soumu.go.jp/johotsusintokei/

ホワイトハウス、ホワイトハウス HP https://www.whitehouse.gov/

ビッグデータマガジン、ビッグデータマガジン HP http://bdm.change-jp.com/

『スマートデータ・イノベーション』中西崇文 著、翔泳社、2015

『会社を強くする ビッグデータ活用入門 基本知識から分析の実践まで』網野知博 著、日本能率協会マネジメントセンター、2013

第5章

『決定力を鍛える―チェス世界王者に学ぶ生き方の秘訣』ガルリ・カスパロフ 著、近藤隆文 翻訳、日本放送出版協会、2007

『機械との競争』エリック・ブリニョルフソン、アンドリュー・マカフィー著、村井章子 翻訳、日経 BP 社、2013

『データの見えざる手　ウエアラブルセンサが明かす人間・組織・社会の法則』矢野和男 著、草思社、2014